ulmer

Heinrich Beltz

ZWERG- UND SÄULENOBST

140 Sorten für den kleinen Garten

Inhalt

Vorwort

Der Sinn und Zweck von Obstgehölzen in Hausgärten hat sich gewandelt. Früher stand eine reiche Obsternte mit der nachfolgenden Lagerung oder Verarbeitung im Vordergrund. Heute spielt in den Privatgärten die Zierde die Hauptrolle: zahlreiche weiße oder rosa Blüten und fleißig summende Insekten im Frühjahr und die appetitlich aussehenden Früchte im Sommer oder Herbst. Ein Teil des Obstes wird auch heute noch zu Marmelade verarbeitet, doch die größere Bedeutung hat das Naschen der Früchte direkt vom Baum oder Strauch.

Weil der Platz in den meisten modernen Gärten knapp ist, passen große, hochstämmige Obstbäume nicht hinein. Zum Glück gibt es aber auch schmal wachsende oder klein bleibende Obstbäume zu kaufen, auf die man in so einem Fall zurückgreifen kann – über ihre Eigenschaften ist allerdings in der breiten Öffentlichkeit noch viel zu wenig bekannt.

Seit einigen Jahren sind Obstbäume erhältlich, die als Säulenobst oder Zwergobst angeboten werden, aber sehr unterschiedliche Eigenschaften besitzen. Mit Zwergobst sind in diesem Zusammenhang nicht die traditionellen Obstsorten auf schwach wachsenden Unterlagen gemeint, sondern genetisch bedingte Zwergsorten von Kern- und Steinobst, die oft als „Mini-Obst" angeboten werden. Und auch beim Säulenapfel geht es – im Gegensatz zum übrigen Säulenobst in diesem Buch – um Sorten, die aufgrund ihrer Genetik einen langen schmalen Wuchs aufweisen, nicht aufgrund des Schnittes. Außerdem gibt es auch manche Beerenobstarten und -sorten, die kompakter als die bisher üblichen wachsen und sich daher besser für das Bepflanzen von Töpfen und Kübeln eignen.

Ziel dieses Buches ist es, über die guten und natürlich ebenso über die nachteiligen Eigenschaften der Säulen- und Zwergobstsorten sowie über die beste Verwendung zu informieren, damit wieder mehr Obstbäume in die Gärten gepflanzt werden und Sie als Gartenliebhaber auch Erfolg mit ihnen haben können.

Die hier vorliegende 2. Auflage wurde komplett aktualisiert und enthält neben einigen neuen Sorten nun auch vier Zeichnungen, die Ihnen zeigen, wie Sie Zwerg- und Säulenobst richtig schneiden.

Heinrich Beltz

Auswählen, pflanzen, pflegen

Ein wenig Grundwissen ist immer nützlich: In diesem Kapitel finden Sie Informationen über Wuchseigenschaften, Pflanzenauswahl, Veredlung, Pflege und vieles mehr zu klein- oder schmalkronigen Obstgehölzen.

Warum werden sie nicht so groß?

Gerade für kleine Gärten, Terrassen und Balkone sind Obstgehölze, die wenig Platz brauchen, gefragt. Neben der Zierde sollen sie auch Früchte zum Naschen bieten, aber trotzdem immer klein bleiben. Um dies zu erreichen, gibt es mehrere Möglichkeiten.

Genetisch bedingte Wuchseigenschaften

Von Natur aus wachsen Pflanzen verschieden stark und zu unterschiedlichen Kronenformen heran. Das ist durch ihr Erbgut bedingt, also genetisch beeinflusst. Die verbreiteten, für den Erwerbsobstbau genutzten Sorten wachsen in der Regel mehr oder weniger stark. Sorten, die etwas schwächer wachsen, werden oft als **kompakt** bezeichnet. Sie bilden Kronen aus, die etwa um ein Drittel kleiner als die **normal** wachsenden Vergleichssorten sind. Dazu gehören zum Beispiel die Süßkirsche 'Stella Compact' oder die Aprikose 'Compacta'®.

Als **zwergig** wachsende Sorten werden meist solche bezeichnet, die nur etwa ein Drittel der Kronengröße der Vergleichssorten erreichen. Beispiele dafür sind die Zwergpfirsiche und -nektarinen wie 'Diamond'Ⓢ oder 'Rubis'®. (Zu den Symbolen Ⓢ und ® siehe die Hinweise auf Seite 53.)

Allerdings sind die Grenzen zwischen normalem, kompaktem und zwergigem Wuchs fließend, und nicht selten werden kompakte Sorten als Zwerge angeboten. Nicht bei allen Obstarten gibt es wirklich (d. h. durch ihre Genetik bedingt) zwergig wachsende Sorten, aber der Wuchs kann auch durch die Unterlagenwahl beeinflusst werden. So entsteht ein zwergiger Wuchs nicht durch die Gene, sondern durch eine „bremsende" Unterlage. Es gibt auch Sorten, die von Natur aus (also genetisch bedingt, nicht durch Schnittmaßnahmen) relativ schlank mit vielen aufrechten Seitentrieben wachsen, wie die Sauerkirschen 'Maynard' und 'Jachim'Ⓢ, oder säulenförmige Sorten mit nur einem, kaum verzweigten Mitteltrieb wie die Säulenäpfel.

Wuchsbremse durch Veredlungsunterlage

Viele Arten von Obstgehölzen werden auf eine andere Pflanze veredelt, die später die Wurzel des Obstbaumes bildet. Man bezeichnet diese andere Pflanze dann als Unterlage. Für jede Obstart stehen unterschiedliche Unterlagen zur Verfügung, die zum Teil kompakten Wuchs oder sogar Zwergwuchs hervorrufen. Beim Apfel sind das zum Beispiel M 27Ⓢ, M 9 oder M 26. Allerdings besitzen schwach wachsende Unterlagen gelegentlich ungüns-

tige Eigenschaften, wie etwa eine schlechte Standfestigkeit. Auch können sie für ein frühzeitiges Vergreisen der Obstbäume sorgen.

Zwergig wachsende Obstgehölze wie diese Heidelbeeren eignen sich hervorragend für Terrassen, Balkone und kleine Gärten.

Schnitt und Kronenform

Durch den richtigen Schnitt lässt sich das Wachstum eines Obstbaumes fördern oder bremsen. Allgemein fördert ein starker Winterschnitt das Wachstum, während ein Sommerschnitt es etwas bremst. Besonders die Kronenform lässt sich durch den Schnitt beeinflussen. Das beweisen die Spalierobstformen, die sich zu ein- oder mehrtriebigen, schmalen Kronen schneiden lassen. Allerdings sind die Möglichkeiten begrenzt, denn bei zu starkem Schnitt setzen die Pflanzen keine Blüten und dadurch auch keine Früchte an, sondern entwickeln einen „besenartigen" Wuchs.

Kulturmaßnahmen

Geringe Nährstoff- und Wasserversorgung bremsen ebenfalls das Wachstum. Allerdings führt eine zu geringe Düngung zu Schäden wie fehlendem Blütenansatz oder Kleinfrüchtigkeit. Und bei hohen Niederschlägen ist die Wasserversorgung kaum zu beeinflussen. Aber die Wasserversorgung lässt sich zum Beispiel durch die Anzucht in Töpfen relativ gut drosseln. Durch das begrenzte Volumen des Topfes können sich die Wurzeln nicht ausbreiten, nehmen nur beschränkte Mengen an Wasser auf und es entsteht ein kompakter Wuchs. Auch normal wachsende Obstsorten lassen sich auf diese Weise in Töpfen und Kübeln je nach deren Volumen verhältnismäßig klein halten.

Die richtige Pflanze auswählen

Die Grundlage für ein gesundes Wachstum von Gehölzen ist neben der standortgerechten Pflanzenauswahl eine gute Pflanzenqualität. Diese wird durch die Vermehrungsmethode und die Anzuchtsform sowie eine gute Pflanzengesundheit beeinflusst.

Vermehrungsmethode

Obstgehölze können durch Samen nicht sortenecht vermehrt werden, da die Sämlinge genetisch aufspalten, sodass ihre Eigenschaften nicht mehr denen der Mutterpflanzen entsprechen. Eine Vermehrung durch Stecklinge ist für Kern- und Steinobstarten auch nicht möglich, daher werden sie veredelt. Die so genannte Veredlungsunterlage, also die Pflanze, auf die die gewünschte Sorte veredelt wird, bildet später die Wurzel und den Wurzelhals der „neuen" Pflanze. Durch sie können sowohl die Wuchsstärke als auch andere Eigenschaften des Obstgehölzes beeinflusst werden. Näheres hierzu finden Sie auf Seite 12.

Beerenobstsorten (Himbeeren, Heidelbeeren, Johannisbeeren usw.) werden „wurzelecht" durch Stecklinge, Abrisse oder Ausläufer vermehrt, brauchen also keine Veredlungsunterlagen.

Die Auswahl an Sorten ist oft sehr unübersichtlich.

Obstbäume werden meist veredelt wie diese Knospe eines Zwergpfirsichs auf einem Pfirsichsämling.

Wurzelnackt oder im Topf

Während viele Sorten von Obstbäumen auch wurzelnackt angeboten werden, sind Zwerg- und Säulenobstbäume fast nur in Töpfen (Containern) auf dem Markt. Das hängt damit zusammen, dass es sich dabei um verhältnismäßig hochwertige Pflanzen handelt, die oft zur Blütezeit oder mit Früchten verkauft werden, sodass sie als Geschenk dienen können. Im Gegensatz dazu eignen sich wurzelnackte Gehölze weniger gut als attraktives Geschenk, denn sie können innerhalb der Vegetationsperiode nicht gepflanzt werden und benötigen einen starken Rückschnitt bei der Pflanzung. Aber selbstverständlich können Säulenobstbäume, wie andere Obstbäume auch, in der Winterruhe wurzelnackt mit gutem Erfolg gepflanzt werden.

Gesunde Pflanzen

Wichtig ist, dass die Pflanzen wüchsig sind. Das heißt, dass Containerpflanzen nach einem Kulturjahr im folgenden Herbst bis spätestens zum Frühjahr verkauft werden und keine zweite Vegetationsperiode in ihrem Anzuchttopf verbringen. Sonst wird das Wurzelsystem im Topf zu dicht, die Pflanzen bilden ein enges System aus Ringwurzeln, und sie beginnen bedingt durch Wasser- und Nährstoffmangel zu vergreisen.

Qualitätsgehölze müssen frei von Schaderregern sein. Besonders Befallsstellen des Obstbaumkrebses sind nicht tolerierbar, aber auch Birnenschorf kann Schäden am Holz verursachen. Verschiedene pilzliche oder bakterielle Krankheitserreger sowie Schaderreger sind im Verkaufszeitraum (und darüber hinaus) absolut unerwünscht.

Veredlungsunterlagen

Die Pflanze, auf die die gewünschte Sorte veredelt wird, nennt man Veredlungsunterlage oder Wildling. Sie hat einen großen Einfluss auf das spätere Wachstum und auch auf manche anderen Eigenschaften der Pflanzen. Sie sollte auf dem Sortenetikett angegeben sein, damit Sie als Kunde wissen, auf welcher Unterlage Ihre Pflanze steht, und dadurch einschätzen können, wie stark sie in Zukunft wachsen wird.

Apfelunterlagen

Welche die beste Unterlage für Säulenäpfel oder Zwergäpfel ist, hängt sehr stark von der Sorte selbst, vom Standort und den Erwartungen des Verwenders ab. Je stärker eine Sorte wachsen soll bzw. darf und je ungünstiger der Standort ist, desto stärker sollte das Wachstum der Unterlage sein. Auf einem armen Sandboden im kühlen Norddeutschland kann also zum Beispiel für einen Säulenapfel die relativ stark wachsende Unterlage A 2 wesentlich sinnvoller sein als im warmen Klima Süddeutschlands auf einem reichen Lehmboden , wo sie zu stark wachsen würde .

Für Äpfel steht mit M 27Ⓢ eine besonders schwach wachsende Unterlage zur Verfügung. Sie induziert allerdings so schwachen Wuchs, dass sie nur für *normal* wachsende Sorten wie bei den Coronet Trees® oder den CRONY®-Bäumen der Baumschule Häberli® verwendet wird, die in Hausgärten sehr klein bleiben sollen. Für Zwerg- und Säulenapfel-Sorten ist sie zu schwach.

Auch die etwas stärker wachsende Unterlage M 9, die hauptsächlich im Erwerbsobstbau verwendet wird, bleibt für Zwerg- und Säulenäpfel zu schwach. Die meisten Baumschulen verzichten auch auf die nur wenig stärker wachsende Unterlage M 26, zumal diese empfindlich gegenüber der Kragenfäule ist. Sie wird nur in Ausnahmefällen für Säulenapfel-Sorten, die besonders klein bleiben sollen (z. B. die Reihen MiniTrees® und Malini®), verwendet.

Meist werden für Säulenäpfel mittelstark wachsende, vegetativ vermehrte Unterlagen wie MM 106, MM 111, M 7, P 14 oder M 11 gewählt, die recht standfest sind. In seltenen Fällen werden auch M 25 oder A 2 genommen, die allerdings recht starkes Wachstum zur Folge haben. Noch stärkeres Wachstum ist auf Sämlingen zu erwarten, die in Baumschulen jedoch nur für Hochstamm-Formen der üblichen Apfelsorten, und nicht für Säulenäpfel verwendet werden.

Wie erkenne ich die Veredlungsunterlage?

Die Veredlungsunterlage eines Obstbaumes sollte auf dem Sortenetikett angegeben sein. In vielen Fällen fehlt diese Information aber. Fachleute können anhand des Wurzelbildes mit einer gewissen Sicherheit erkennen, um welche Unterlage es sich handelt: Je schwachwüchsiger die Unterlage ist, desto spärlicher sind oft auch ihre Wurzeln.

Der früher häufig gewählte MM 106 hat den Nachteil, dass er sehr empfindlich für Kragenfäule (*Phytophthora cactorum* und andere Arten) ist. Er wird daher immer weniger genutzt.

Neuerdings wird für Säulenäpfel die Unterlage D2212Ⓢ empfohlen, die besonders widerstandsfähig gegen bestimmte Krankheitserreger (z. B. Triebsucht) sein soll.

Veredlungsunterlagen

Wuchs	Apfel	Birne	Kirsche	Pflaume, Aprikose	Pfirsich, Nektarine
sehr schwach	M 27Ⓢ		GiSelA® 3Ⓢ		
schwach	M 9 M 26 B 9	Quitte C	PHL-C GiSelA® 5Ⓢ	Pixy®	
mittel	Supporter 4® (Pi 80Ⓢ) D2212Ⓢ MM 106 P 14 M 7 M 4 MM 111 M 11	Quitte A Quitte BA-29 PyrodwarfⓈ	GiSelA® 6Ⓢ Maxma® 14Ⓢ PiKu 1Ⓢ	WA-VIT® (PrudomⓈ) WaxWa Wangenheims-Sämlinge St. Julien A St. Julien GF 655/2 St. Julien Wädenswil	siehe Pflaumen
stark	A 2 M 25		ColtⓈ Sämlinge: Alkavo® Limburger		Sämling: 'Kernechter vom Vorgebirge'
sehr stark	Sämlinge: Bittenfelder Grahams Jubiläum Antonowka	Sämling: Kirchensaller Mostbirne	F 12/1	Myrobalanen-Sämlinge Ackermann GF 8/1	

Ein dicker Wulst über der Veredlungsstelle weist auf eine schwach wachsende Unterlage hin.

Birnenunterlagen

Bei Birnen ist die Auswahl an Veredlungsunterlagen im Vergleich zu Äpfeln wesentlich kleiner. Als stark wachsende Unterlage werden Sämlinge der Kirchensaller Mostbirne verwendet, auch bei Zwergsorten. Ein schwächerer Wuchs, wie er bei Säulenbirnen erwünscht ist, wird durch Quitte A erzeugt. Die Quitte A ist allerdings etwas empfindlicher gegen starke Fröste sowie gegen sehr hohe Kalkgehalte im Boden. Noch frostempfindlicher ist die Quitte C, die in Mitteleuropa wenig verwendet wird und sich nur für sehr milde Lagen eignet. Neuerdings gibt es mit Pyrodwarf® aber auch eine Birne als Veredlungsunterlage, die schwächeren Wuchs induziert.

Kirschenunterlagen

Süß- und Sauerkirschen wurden früher fast alle auf Süßkirschensämlinge wie die 'Limburger Vogelkirsche' veredelt. Sie fördern einen relativ starken Wuchs. Seit einiger Zeit sind aber auch schwachen Wuchs induzierende Unterlagen wie die aus der Gießener Züchtungsreihe GiSelA® (*Prunus cerasus* × *Prunus canescens*) auf dem Markt. Sie können das Wachstum deutlich bremsen. Hinzu kommen Unterlagen wie PHL-C, die amerikanische

Veredlungsunterlagen und Wildtriebe

Als Veredlungsunterlage oder Wildling bezeichnet man die Pflanze, auf die die gewünschte Sorte veredelt wird. Sie bildet später die Wurzel, den Wurzelhals und manchmal auch das Stämmchen des Obstgehölzes. Triebe, die aus der Veredlungsunterlage stammen, sind sogenannte „Wildtriebe", die entfernt werden müssen.

Maxma® 14Ⓢ (*Prunus mahaleb* × *Prunus avium*) oder PiKuⓈ. Das ist besonders interessant für Süßkirschen, die von Natur aus stärker wachsen als viele Sauerkirsch-Sorten. Auch die englische Unterlage ColtⓈ (*Prunus mahaleb* × *Prunus pseudocerasus*) ist sehr verbreitet. Sie schwächt das Wachstum im Vergleich zu Sämlingsunterlagen aber nur wenig. Für leichte, trockene Böden ist Maxma® 14Ⓢ besonders geeignet. Sie verträgt keine Staunässe und ist weniger trockenheitsempfindlich als die GiSelAⓈ-Sorten.

Sonstige Steinobstunterlagen

Für Pflaumen und Zwetschgen steht eine breite Palette an unterschiedlichen Wildpflaumen als Unterlagen zur Auswahl. Manche wie GF 8/1 oder 'Brompton' wachsen sehr stark, andere wie St. Julien A oder St. Julien GF 655/2 mittelstark. Die einzige relativ schwach wachsende Unterlage für Pflaumen und Zwetschgen ist der *Prunus-insititia*-Klon Pixy®. Er reduziert das Wachstum um etwa 40 %, wobei allerdings auch die Fruchtgröße etwas leiden kann. Außerdem soll Pixy® etwas frostempfindlicher sein als viele andere Pflaumenunterlagen.

Viele dieser Wildpflaumenunterlagen können auch für Pfirsiche und die damit eng verwandten Nektarinen verwendet werden, vor allem für feuchtere und schwere Böden. Daneben werden allerdings auch häufig Pfirsichsämlinge verwendet, die zwar etwas frostempfindlicher sind, aber auf trockeneren Böden besser gedeihen. Zwergpfirsiche und -nektarinen, die aus Südeuropa importiert wurden, sind oft auf Mandelhybriden veredelt, die je nach Klon sehr stark wachsen und relativ frostempfindlich sein können.

Aprikosen werden ebenfalls häufig auf Wildpflaumen veredelt, gelegentlich aber auch auf Aprikosensämlinge, Pfirsiche oder Mandeln.

An der Veredlungsstelle sind manchmal auffällige, aber harmlose Unterschiede zwischen der Rinde der veredelten Sorte (hier einer Zwergbirne) und ihrer Unterlage (hier der Quitte A) zu sehen.

Standort und Verwendung

Bei Säulen- und Zwergobst steht der Zierwert im Vordergrund, daher wird es gerne an eine gut sichtbare Stelle in den Garten gepflanzt oder in hübschen Töpfen auf dem Balkon und der Terrasse gezogen. Aber auch eine Reihenpflanzung aus Säulenäpfeln sieht sehr apart aus. Die Grundbedürfnisse der Pflanzen sollten aber auf jeden Fall berücksichtigt werden.

Sonne, Wasser und Winterschutz

Grundsätzlich sollten Obstgehölze in Kübeln sowie die im Freiland ausgepflanzten Exemplare ausreichend Licht bekommen. Damit die Pflanzen gut wachsen und leckere Früchte ansetzen, sind sonnige Standorte zu bevorzugen. Ein Standort im Halbschatten ist auch noch akzeptabel, im tiefen Schatten dagegen wachsen die Pflanzen locker, setzen schlecht Blüten an und das Aroma ihrer Früchte ist fade. Problematisch sind auch hohe Hecken oder große Bäume in der Nachbarschaft. Als grobe Regel kann gelten, dass Obstgehölze mindestens drei bis fünf Stunden Sonne am Tag brauchen.

Verstärkt durch den Klimawandel leiden manche Obstarten in sehr heißen Sommern allerdings unter Sonnenbrand. Das betrifft vor allem Himbeeren, aber manchmal auch Äpfel, wenn sie an sehr sonnigen Standorten stehen. Besonders Himbeeren können daher in manchen Regionen lichten Schatten der Sonne vorziehen.

Balkon und Terrasse

Durch ihren kompakten bzw. schmalen Wuchs eignen sich Säulenäpfel und Zwergobstsorten hervorragend für die Kultur in großen Töpfen oder Kübeln. Da in Gefäßen das Wachstum durch den begrenzten Wurzelraum deutlich eingeschränkt wird, können darin auch normal wachsende Obstbäume sehr

Gesunde Pflanzen

Pflanzen sind Lebewesen, die unter Umständen auf den Schutz des Gärtners angewiesen sind. Die entscheidenden Voraussetzungen für ihre gesunde Entwicklung ist ein passender Standort (bzw. die richtige Sorte für einen bestimmten Standort), eine fachgerechte Pflege und eine ausreichende Widerstandskraft, die je nach Sorte variieren kann.

Obstgehölze lieben sonnige Standorte.

kompakt bleiben. Zwerg- und Säulenäpfel zeigen aber ein harmonischeres Wachstum und eignen sich besser als normal wachsende Sorten für Kübel.

Ihre Pflanzen im Kübel sollten sich in Reichweite eines Wasserschlauches oder einer Gießkanne befinden, da sie im Sommer bei trockener Witterung täglich gegossen werden müssen. Stellen bzw. pflanzen Sie Ihre Gehölze so, dass sie windgeschützt oder gut befestigt sind. Dann werden sie auch mit ihrer Last von Früchten nicht vom Wind umgeworfen.

Außerdem sollten Sie bedenken, dass die Wurzeln der getopften Pflanzen im Winter vor Kälte geschützt werden müssen. Am besten sollten Sie den ganzen Kübel an einem schattigen, geschützten Ort in der Nähe in den Boden versenken. Ist das zum Beispiel auf einem Balkon nicht möglich, sollten Sie Ihre Pflanzen mit isolierendem Material wie Jutetuch oder Noppenfolie umwickeln, sodass ein Abtransport von ihrem Sommerstandort kein absolutes Muss ist.

Zwerg- und Säulenobst lässt sich sehr gut mit Beet- und Balkonpflanzen kombinieren. Die Blütenform der bunten Zauberglöckchen (*Calibrachoa*) erinnern an kleine Petunien, gelbblütige Husarenknöpfchen (*Sanvitalia*) an kleine Sonnenblumen. Pelargonien („Geranien“, *Pelargonium*) sind anspruchslos und robust, für Kübel bieten sich besonders ihre hängenden *Peltatum*-Hybriden an. Bienen und andere Insekten lieben das Duftsteinkraut (*Lobularia*) mit seinen kleinen weißen oder lilafarbenen Blüten sowie den Zauberschnee (*Chamaesyce*). Hänge-Petunien (Surfinien) oder Goldmarie (*Bidens*) können im Kübel wegen ihres starken Wachstums und Wasserverbrauches allerdings ein übermächtiger Konkurrent sein, sodass auf sie eher verzichtet werden sollte.

Mittlerweile gibt es viele, in verschiedenen Farben blühende Erdbeersorten, die für die Kübelbepflanzung gezüchtet wurden und über einen langen Zeitraum Blüten bilden und fruchten. Sie eignen sich gut als Unterpflanzung von Zwerg- und Säulenobstbäumen, ihre roten Früchte laden über einen langen Zeitraum zum Naschen ein. In den Sortenvergleichen der LVG Bad Zwischenahn haben sich zum Beispiel die weiß blühenden Erdbeersorten ‘Delizz’® und ‘Elan’ wegen ihres reichen Fruchtansatzes und guten Geschmacks bewährt, ebenso auch die rosa blühende ‘Rosana’®. Bei vielen anderen rosa oder rot blühenden Sorten lag der Schwerpunkt der Züchtung eher auf der zierenden Wirkung als auf dem Geschmack der Früchte.

Kombinationen mit Zierstauden

Säulen- und Zwergobstbäume lassen sich auch gut in einen Ziergarten integrieren. Einzeln oder in kleinen Gruppen können sie als Raumbildner in Gärten dienen. Sie passen hervorragend in bunte Staudenpflanzungen und bereichern sie durch ihre weißen oder rosafarbenen Blüten im Frühjahr sowie durch ihre leuchtenden Früchte im Sommer oder Herbst. Sie lassen sich gut mit niedrigen Stauden, Rosen, Tulpen oder Buchsbaum kombinieren. Erst blühen die Obstbäume, dann die Tulpen, später die Rosen und schließlich folgt die Ernte der attraktiven Früchte.

Die Baumschule Lubera® empfiehlt unter dem Titel „Fruchtfreundinnen“ ein Sortiment an Begleitstauden für Obst- und Beerenobstgehölzen. Darin enthalten sind zum Beispiel verschiedene Sorten von Anemonen, Storchschnabel (*Geranium*), Thymian (*Thymus*), Veilchen (*Viola*) und Waldsteinie (*Waldsteinia*).

Auch weitere, nicht zu stark wachsende Stauden passen sehr gut zu Obst- und Beerenobstgehölzen, zum Beispiel Blaukissen (*Aubrieta*), gelb blühendes Steinkraut (*Alyssum*), Gänsekresse (*Arabis*), Bergenien (*Bergenia*), Glockenblume (*Campanula*), Lavendel (*Lavandula*) und Salbei (*Salvia*), von

Zwergobstgehölze im Topf passen gut in den Ziergarten.

dem es auch viele buntlaubige Sorten gibt. Zwergsträucher wie Berberitzen (buntlaubige *Berberis-thunbergii*-Sorten), Spieren (*Spiraea*) und Zwerg-Schmetterlingsstrauch (*Buddleja* der 'Chips'-Sortengruppe) passen ebenso gut. Früh blühen die Veilchen und Anemonen, später folgen Thymian, Lavendel, Spiersträucher, Glockenblumen und im Hochsommer der Schmetterlingsstrauch. Ganz generell sind duftende Kräuter wie Lavendel, Thymian, Majoran oder Salbei eine gute Ergänzung zu Obstgehölzen, da sie ebenso die Sonne lieben, im Sommer attraktiv sind und Bienen anziehen.

Obsthecken und Spaliere

Mit Säulenapfelbäumen können Sie hervorragend heckenartige Reihen pflanzen. Dabei sollten Sie aber bedenken, dass die Pflanzungen gleichmäßiger wirken und harmonischer aussehen, wenn sie aus Pflanzen derselben

Säulenäpfel in Reihen gepflanzt ergeben attraktive Fruchthecken.

Sorte gepflanzt werden. Zumindest sollten sie aus Sorten bestehen, die vergleichbar stark wachsen. Trotzdem werden solche Hecken nicht dicht. Im Winter, wenn sie ihr Laub verloren haben, sind sie durchsichtig. Dennoch sind sie ein gutes Mittel zur Raumbildung. Im Schlossgarten von Arcen in den Niederlanden sowie im Juckerhof in der Schweiz werden Säulenäpfel für solche Zwecke sehr anschaulich eingesetzt (siehe Seite 114).

Eine weitere Verwendungsmöglichkeit von Säulenapfelbäumen ist die Pflanzung als Spalier an der Hauswand. Als Ersatz für Formobstbäume, die schwieriger zu pflegen sind, können Säulenäpfel Hauswände sehr dekorativ begrünen. Jedoch sollten Sie bedenken, dass die Mauern von Hauswänden durch die Sonneneinstrahlung viel Hitze und Licht abstrahlen können, sodass Verbrennungen drohen. Daher sollte zur Belüftung ein Abstand von etwa 10–20 cm zwischen Pflanze und Wand gelassen werden.

Auch Zwergobstsorten können Sie gut als Spaliere pflanzen. Am besten eignet sich für die Zwergsorten, die ja meist runde Kronen bilden, die Fächerspalierform. Dabei wird eine runde Krone geformt, aber nur zwei- statt dreidimensional. Die Zweige werden an ein Spalier gebunden, sodass die flache Krone mehr oder weniger gleichmäßig weit voneinander entfernte Tragäste bildet. Die Zweige dazwischen, die die Blüten und Früchte tragen, werden regelmäßig auf eine passende Länge geschnitten, sodass etwa 20 cm Abstand dazwischen bleiben, in denen die Früchte hängen und gut belichtet werden.

Ökologischer Nutzen

Obstbäume besitzen einen hohen ökologischen Wert, auch die Zwerg- und Säulenformen. Denn ihre Blüten dienen Bienen und anderen Insekten als wertvolle Nahrungsquelle. Insekten, die sich als Schädlinge auf Blättern oder Früchten der Obstgehölze finden, stehen wiederum bei Singvögeln und anderen Tieren auf dem Speiseplan.

Säulenäpfel, die auf der Mutation 'Typ Wijcik' basieren, lassen sich wegen ihrer dicken Triebe und engen Internodien schlecht biegen, sodass sie üblicherweise zu eintriebigen senkrechten Schnurbäumen gezogen werden. Aus den übrigen Obstsorten können aber auch U-Formen oder andere aus dem Spalierobstbau bekannte Formen gezogen werden. Denkbar wäre allerdings auch, aus einer normal wachsenden Apfelsorte eine U- oder Doppel-U-Form zu ziehen und auf die Basis von deren Grundgerüst eine oder mehrere Säulenapfelsorten aufzuveredeln, die dann senkrecht gezogen werden. Der Experimentierfreudigkeit der Gärtner sind da wohl noch viele Möglichkeiten gegeben.

Reihen- und Portalpflanzung

Selbstverständlich können Sie Säulen- und Zwergobstbäume in einen Obstgarten pflanzen, zum Beispiel wie in Anlagen des Erwerbsobstbaus in Reihen. Auf kleinem Raum können Sie durch den geringen Platzbedarf von Säulen- und Zwergobstbäumen viele Obstarten und -sorten sammeln. Die Pflanzen können auch Gemüsebeete umgrenzen oder an ihren Ecken stehen. Da sie kompakt wachsen und verhältnismäßig wenig Schatten werfen, rauben sie bei genügend Abstand den Gemüsekulturen kaum Licht. Sortenvielfalt im kleinen Obstgarten – Zwerg- und Säulenobst ist ideal dafür.

Gut eignen sich Säulen- und Zwergobstbäume auch als Portalpflanzen rechts und links eines Weges, eines Tores oder eines Eingangs, als Paare oder auch in Reihen gepflanzt. Geschnittenen Säulenäpfeln reicht 1 m^2 pro Baum, Zwergobstbäume brauchen je nach Sorte etwas mehr Platz.

Es gibt auch die Möglichkeit, Säulenäpfel in Anlehnung an historische Formobst-Muster im Kreis zu pflanzen, zum Beispiel fünf oder sieben Bäume. Dann entsteht der Eindruck eines Kesselbaums. Oder man setzt sie als schräge Schnurbäume. Sie können auch so gepflanzt werden, dass sich die schrägen Schnurbäume kreuzen und eine so genannte „Belgische Hecke" bilden.

Fachgerechte Pflanzung

Grundsätzlich werden Säulen- und Zwergobstgehölze genau so wie andere Obstbäume gepflanzt. Dabei müssen Sie vor allem beachten, dass der Standort für Obstbäume geeignet ist, zum Beispiel darf der Boden nicht zu nass oder zu trocken sein, oder stark verdichtet.

In den Boden pflanzen

Obstbäume lieben schwere, aber durchlässige Lehmböden und wachsen dort am stärksten. Je sandiger und leichter der **Boden** ist, desto schwächer wachsen die meisten Obstbaum-Arten und desto stärker sollte daher die Veredlungsunterlage wachsen.

Der Boden darf nicht vernässen und sollte auch nicht extrem trocken sein, sonst muss regelmäßig bewässert werden. Besonders auf Neubaugrundstücken sollte stark verdichteter Boden unbedingt tiefgründig aufgelockert werden.

Zwerg- und Säulenobstbäume werden meist in **Töpfen** (Containern) verkauft. Sie können sie dann fast ganzjährig pflanzen. Den Topf müssen Sie vor der Pflanzung selbstverständlich entfernen, und bei drohendem Wassermangel sollten Sie den Wurzelballen vor dem Pflanzen tauchen, damit er sich mit Wasser vollsaugen kann. Wenn eine Pflanze sehr lange in demselben Topf gestanden hat, neigt sie dazu, lange Wurzeln zu bilden, die sich gegenseitig beim Auswurzeln in den Boden behindern oder sogar einschnüren können. Daher sollten Sie die Wurzeln an der Topfwand vor der Pflanzung durch mehrere senkrechte, nicht zu tiefe Schnitte durchtrennen. Das erleichtert die Bildung neuer Wurzeln in den Boden hinein.

Das **Pflanzloch** wird möglichst groß ausgehoben, mindestens ein Drittel breiter und tiefer als der Topfballen ist. Gegen Wühlmäuse breiten Sie einen Drahtkorb im Pflanzloch aus. Bei Pflanzen, die nicht standfest sind, ist ein Baumpfahl nötig. Für Säulenäpfel auf schwach bis mittelstark wachsenden Unterlagen wie M 26 ist ein etwa 2,50–3,00 m langer Baumpfahl empfehlenswert, der mindestens 50 cm tief in den Boden geschlagen wird. Bäume auf stark wachsenden Unterlagen brauchen keinen Pfahl, aber um den Mitteltrieb gerade nach oben zu leiten, ist ein stabiler Bambusstab hilfreich.

Den Boden des Pflanzloches füllen Sie mit lockerer Erde so weit wieder auf, dass die Oberfläche des Topfballens etwas höher ist als die des umgebenden Bodens. Denn später sinkt die Pflanze in der lockeren Erde des Pflanzloches noch etwas ab. Nachdem Sie das Pflanzloch um den Wurzelballen herum mit lockerer Erde angefüllt haben, treten Sie diese Erde mit dem Fuß fest, sodass

Der linke Baum ist viel zu tief gepflanzt, sodass die Veredlungsstelle nicht mehr sichtbar ist, der rechte ist nur etwas zu tief im Boden.

ein Gießrand entsteht. Diesen füllen Sie mit etwa 10 l Wasser pro Pflanze, auch wenn der Boden feucht ist. Denn durch das **Angießen** wird der Kontakt zwischen Wurzeln und Umgebungsboden verbessert. Zum Schluss streuen Sie bei Bedarf etwas **Dünger** in den Gießrand, im Pflanzloch selbst hat er nichts zu suchen. Zur Bodenverbesserung können Sie bei der Pflanzung etwas gut verrotteten Kompost oder Rindenhumus einmischen.

Manchmal werden auch **wurzelnackte** Säulenobstbäume ohne Topf angeboten. Zur passenden Pflanzzeit von Oktober bis April wachsen sie ebenso gut an wie Pflanzen im Container. Bis Ende Mai können sie noch gepflanzt werden, der Zuwachs ist dann aber nicht mehr so gut wie bei einem früheren Pflanztermin. Das Pflanzloch für einen wurzelnackten Baum sollte mindestens etwa 50 cm Durchmesser haben und 30 cm tief sein.

Der **Pflanzabstand** bei den schmalen Säulenobstbäumen sollte mindestens etwa 50–80 cm betragen, beim breiter wachsenden Zwergobst mindestens 100 cm.

Pfahl bei schwachen Wurzeln

Einige der schwach wachsenden Veredlungsunterlagen bilden nur ein schlechtes Wurzelsystem, sodass die Obstbäume nicht standfest sind und besonders dann, wenn sie reich mit Früchten bestückt sind, bei Sturm umkippen können. Solche Pflanzen benötigen einen starken Pfahl oder ein Spalier. Beim Apfel sind das vor allem die Unterlagen M 27®, M 9 und M 26, aber unter Umständen auch M 7, M 4 und MM 106. Bei Birnen auf Quitte und Pflaumen auf schwachen Unterlagen wie WA-VIT® sind ebenfalls Pfähle notwendig.

Vorsicht vor Einschnürungen!

Wenn Pflanzen an Stäbe gebunden werden, empfiehlt es sich, Bast oder ein ähnliches, schnell verrottendes Material zu verwenden. Denn haltbare Kunststoffbänder können leicht übersehen werden und Triebe einschnüren, wenn sie länger als eine Vegetationsperiode an der Pflanze bleiben. Das kann besonders dann passieren, wenn sie verschmutzen oder veralgen, sodass sie unauffällig werden. Solche Einschnürungen können zum Tod der Pflanzen führen!

In einen Kübel pflanzen

Zwerg- und Säulenobstbäume werden meist in Töpfen von 5–10 l Inhalt verkauft. Wenn Sie den Baum im Topf weiter kultivieren wollen, sollten Sie ihn in ein **größeres Gefäß** mit etwa 20–50 l Inhalt umtopfen, damit der Pflanze ausreichend Reserven an Wasser und Nährstoffen zur Verfügung stehen. Wie bei der Pflanzung in den Boden sollten Sie Ringwurzeln am Rand des Wurzelballens zertrennen und die Pflanzen nicht tiefer topfen, als sie in ihrem Container standen. Große Pflanzen sollten Sie gut befestigen.

Als **Substrat** verwendet man Blumen- oder Pflanzerde. Die Erde darf nicht zu fein sein und nicht zum Vernässen neigen, davon abgesehen sind Obstbäume nicht sehr anspruchsvoll. Der pH-Wert der Erde sollte (außer bei Heidelbeeren) um 5,0 bis 7,0 liegen.

Als **Töpfe** eignen sich alle Gefäße, die genügend Löcher zur Wasserabfuhr haben. Am praktischsten sind Pflanztöpfe aus Kunststoff, die preisgünstig, leicht und relativ stabil sind. Töpfe aus Ton, Steingut oder Terracotta sehen hübscher aus, können aber je nach Fabrikat mehr oder weniger zerbrechlich und frostempfindlich sein. Metall- oder Holzgefäße können innen mit Folie (mit Löchern am Boden!) ausgelegt werden, damit der Kontakt zwischen Erde und Metall bzw. Holz nicht zu eng ist. Dadurch kann die Haltbarkeit des Gefäßes verbessert werden.

Alle zwei bis fünf Jahre sollten Sie die Pflanzen **umtopfen**, am besten im Winter oder frühen Frühjahr vor dem Austrieb. Das Volumen des Kübels sollte jedes Mal etwa 30 % größer sein als zuvor.

Wenn es aus Platz- oder Transportgründen nicht mehr möglich ist, die Pflanze in ein größeres Gefäß zu setzen, topfen Sie sie aus, lockern den alten Wurzelballen und entfernen einen Teil der äußeren Wurzeln sowie der alten Erde (etwa ein Drittel), bevor Sie sie in den alten Topf mit neuer Pflanzerde setzen. Zum Ausgleich für den Wurzelverlust werden die Triebe leicht zurückgeschnitten.

Düngen und wässern

Für eine gute Entwicklung von Pflanzen ist eine ausreichende Nährstoffversorgung wichtig. Dafür werden verschiedene Mineraldünger oder organische Dünger in unterschiedlichen Zusammensetzungen angeboten. Ebenfalls unabdingbar ist die ausreichende Wasserversorgung, besonders bei Kübelpflanzen.

Organische Dünger

Pflanzen brauchen zum Wachstum neben Licht, Luft, Wärme und Wasser auch Nährstoffe. Wenn sie im Boden ausgepflanzt sind und dieser aus seinen Reserven genug nachliefert, ist eine Düngung nicht unbedingt nötig. Sind die Nährstoffreserven im Boden aber zu gering oder der Wurzelraum in einem Topf eng begrenzt, müssen die nötigen Nährstoffe über Dünger zugeführt werden.

Grundsätzlich nehmen die Pflanzenwurzeln die Nährstoffe in mineralischer Form gelöst in der Bodenfeuchtigkeit auf, egal ob sie als Mineraldünger wie Blaukorn® oder als organischer Dünger zum Beispiel über Kompost oder Hornspäne verabreicht werden. Organische Dünger haben allerdings gegenüber schnell löslichen Mineraldüngern den Vorteil, dass ihre Nährstoffe über einen kontinuierlichen Zeitraum langsam freigesetzt (mineralisiert) werden. Dadurch werden sie nicht so schnell ausgewaschen und ver-

Organische Handelsdünger eignen sich auch gut für die Versorgung von Pflanzen in Töpfen.

ursachen nicht so leicht Salzschäden wie schnell lösliche Mineraldünger. Außerdem fördern organische Dünger das Bodenleben. Aber auch bei organischen Düngern muss auf eine richtige Dosierung geachtet werden, damit die Pflanzen weder über- noch unterernährt werden.

Düngung ausgepflanzter Bäume

Sind die Pflanzen im Boden ausgepflanzt, kann der genaue Düngerbedarf nur durch eine **Bodenuntersuchung** festgestellt werden, die verschiedene Labore für einen Preis von rund 20 Euro (pH-Wert, Salzgehalt, Phosphor und Kalium) anbieten. Je leichter (sandiger) der Boden ist, desto wahrscheinlicher ist es, dass die gespeicherten Vorräte vor allem an Stickstoff sowie Kalium mit den Winterniederschlägen ausgewaschen werden und deshalb im Frühjahr eine Düngung nötig ist. Als **Faustzahl** können Sie annehmen, dass ein Obstbaum, dessen Standort über keine zu berücksichtigenden Nährstoffvorräte mehr verfügt, etwa 5 g Stickstoff (N) pro Quadratmeter und Jahr benötigt. Die Flächenangabe bezieht sich dabei auf den durchwurzelten Raum, bei großkronigen Hochstämmen entspricht diese etwa dem Kronendurchmesser. Bei Zwerg- und Säulenobstbäumen können Sie je nach Größe von 1–2 m^2 pro Pflanze ausgehen.

Bei einem Dünger mit 15 % Stickstoffgehalt entsprechen 5 g N pro Quadratmeter rund 30 g Dünger pro Quadratmeter und bei 8 % Stickstoffgehalt 60 g/m^2. Die **Nährstoffgehalte** von Düngern sind normalerweise mit drei Zahlen gekennzeichnet (zum Beispiel 15-5-10), die den Stickstoff-, den Phosphat- und den Kaliumgehalt in Prozent angeben (N-P_2O_5-K_2O). Bei vielen Mineraldüngern liegt der Stickstoffgehalt um 15 %, bei vielen organischen um 8 %.

Phosphat und Kalium können von den Böden besser gespeichert werden als Stickstoff, der Bedarf ist daher noch stärker von den Reserven des Bodens abhängig. Mit Phosphat sind viele Gartenböden überversorgt, daher reichen geringe Gehalte im Dünger von 2–5 % auf den meisten Standorten aus. Aber auch bei überversorgten Böden sollte auf eine Phosphordüngung nicht völlig verzichtet werden. Die Kaliumgaben können ebenfalls auf den meisten Böden etwas geringer sein als die Stickstoffgaben. Das Gerücht, dass hohe Kaliumgaben die Pflanzen grundsätzlich widerstandsfähig gegen Frost und Krankheitserreger machen, stimmt nicht. Im Gegenteil: Bei zu hoher Kaliumdüngung droht Magnesium- und Kalziummangel, wenn die Böden keine großen Reserven besitzen. Das kann besonders bei sauren Sandböden der Fall sein. Die Kaliumdüngung sollte also nicht übertrieben werden, sondern dem Bedarf der Pflanzen angepasst sein. Auf landwirtschaftliche Dünger wie Kainit® oder Korn-Kali® sollte man wegen ihrer hohen Chloridgehalte verzichten, stattdessen sind Kalimagnesia oder Kaliumsulfat besser geeignet.

Bei **jüngeren Säulen- und Zwergobstbäumen**, die etwa 1 m^2 Standfläche haben, können Sie auf einem nährstoffarmen Standort also als Faustzahl eine Düngung von rund 30 g Mineraldünger oder rund 60 g organischem Dünger pro Pflanze annehmen. Organische Dünger können Sie wegen ihrer langsamen Nährstoffmineralisierung im März oder April streuen, mineralische eher im April oder Mai. Auf schweren Böden erfolgt die Düngung verhältnismäßig früh, auf leichten Böden eher etwas später. Stattdessen können Sie auch Gartenkompost in einer Menge von rund 5 l/m^2 oder den nährstoffreicheren Kompost aus Kompostieranlagen (Biokompost, Grünkompost) mit der halben Menge geben.

Düngung von Pflanzen in Kübeln

Bei Pflanzen in Kübeln oder Töpfen ist wegen des eng begrenzten Wurzelraumes die Düngung noch wichtiger als bei Pflanzen, die in den Boden ausgepflanzt sind. Sie müssen jedes Jahr ausreichend ernährt werden, sonst lässt das Wachstum nach und sie werden krankheitsanfällig.

Für Pflanzen in Kübeln sind Mineraldünger wie Blaukorn® wegen ihrer starken Salzwirkung schlecht geeignet. Stattdessen können Sie **organische Dünger** oder **ummantelte Mineraldünger** einsetzen.

Organische Dünger mit Hornspänen wirken etwa zwei bis drei Monate lang. Sie werden je nach Nährstoffgehalt mit etwa 4 g pro Liter Topfvolumen dosiert und müssen in dieser Menge zweimal im Jahr (z. B. April und Juni) eingebracht werden. Hornspäne allein decken nur den Stickstoffbedarf der Pflanzen. Um sie mit Phosphor und Kalium zu versorgen, müssen Sie unbedingt Kombinationsprodukte wie Oscorna® Animalin oder Hornoska® einsetzen.

Wegen ihrer langsameren Nährstofffreisetzung sind ummantelte Mineraldünger für Pflanzen in Töpfen besser geeignet als organische Produkte. Man erkennt sie meist an der Endung cote (von engl. *coat* = Mantel). Bekannte Produkte sind zum Beispiel Osmocote®, Mannacote® oder Basacote®. Es handelt sich dabei um Mineraldüngerkörner ähnlich wie Blaukorn®, die mit einer durchlässigen Kunststoffschicht umhüllt sind, durch die die Nährstoffe langsam abgegeben werden. Die Wirkungsdauer ist meist mit einer „Laufzeit“ angegeben, die aber nicht ganz wörtlich genommen werden sollte: Produkte mit den Bezeichnungen 8M, 8–9M oder 9M (M = Monat) eignen sich am besten für den Einsatz von Anfang März bis Mitte April und 5–6M oder 6M am besten von Mitte April bis Ende Mai. Die Aufwandmenge liegt bei 3–4 g pro Liter Topfvolumen.

Aus Gründen des Umweltschutzes verzichten viele Verbraucher auf ummantelte Depotdünger, denn ihre Kunststoffhüllen gehören zum Mikroplastik. **Flüssigdüngung** ist die alternative Möglichkeit, Pflanzen in Töpfen zu ernähren. Dabei werden pulverförmige oder flüssige Dünger im Gießwasser aufgelöst und mindestens einmal pro Woche verabreicht. Da die Nährstoffgehalte der für die Flüssigdüngung vorgesehenen Dünger noch stärker variieren als bei den festen Düngern, wird an dieser Stelle keine Faustzahl genannt. Befolgen Sie bitte die Herstellerempfehlungen. Der Nachteil dieser Methode ist, dass sie eine große Disziplin voraussetzt und Sie die Düngung nicht über längere Zeit vergessen dürfen, zum Beispiel während der Urlaubszeit oder in Regenperioden, in denen kein Gießen nötig ist. Flüssigdüngung müssen Sie auch dann verabreichen, wenn die Pflanzen kein Wasser brauchen.

Bewässerung

Um den Wasserbedarf der Pflanzen zu decken, ist in Kübeln und manchmal auch bei ausgepflanzten Exemplaren eine regelmäßige Wasserversorgung nötig. Denn schon bevor sie deutliche Symptome wie Welken zeigen, können die Pflanzen unter Wassermangel leiden und dadurch geschädigt werden. Wasserknappheit zur Zeit des Fruchtwachstums sorgt zum Beispiel bei Apfelbäumen dafür, dass ihre Früchte später klein bleiben und eher fade schmecken.

Die Feuchtigkeit des Bodens bzw. des Pflanzsubstrates können Sie relativ einfach mit der Hand fühlen. Grundsätzlich sollten sich Boden oder Substrat in etwa 5–10 cm Tiefe so feucht wie ein ausgedrückter Schwamm anfühlen. Sind sie trocken, sollte gegossen werden. Denken Sie daran, dass es nichts nützt, nur die Bodenoberfläche zu benetzen. Das Wasser muss bis zum Wurzelbereich eindringen. So haben sich im Freiland Gefäße (Eimer, alte Gießkannen usw.) mit etwa 10 l oder mehr Volumen bewährt, die auf den Erdboden gestellt und bei Bedarf mit Wasser gefüllt werden. Durch ein im Boden angebrachtes Loch sickert dann langsam Wasser in den Wurzelbereich. Für sehr trockene Standorte sind Tropfbewässerungsanlagen empfehlenswert, die zum Beispiel über eine Zeitschaltuhr gesteuert am besten spät abends oder nachts durch einen Schlauch langsam Wasser in den Wurzelraum abgeben.

Die Pflanzen schützen

Pflanzen können, wie andere Lebewesen auch, von Krankheitserregern und anderen Schadursachen bedroht werden. Soweit es geht, sollte der Gärtner die Pflanzen schützen – möglichst ohne chemische Pflanzenschutzmittel.

Integrierter Pflanzenschutz

Erscheinen Ihnen Pflanzenschutzmaßnahmen nötig, müssen Sie sie, wie es das Pflanzenschutzgesetz vorschreibt, nach den Grundsätzen des Integrierten Pflanzenschutzes durchführen. Die besagen, dass die Pflanzengesundheit vorrangig durch biologische, biotechnische, pflanzenzüchterische sowie anbau- und kulturtechnische Maßnahmen sichergestellt und der Einsatz chemischer Pflanzenschutzmittel auf das notwendige Maß beschränkt wird. Das ist nicht kompliziert und eigentlich nichts anderes als das, was jeder vernünftige Gärtner sowieso tut.

Viele Menschen lehnen den Einsatz chemischer Pflanzenschutzmittel im Hausgarten ab. Das ist wegen der damit verbundenen möglichen Risiken für Mensch und Umwelt verständlich. Allerdings müssen Sie sich darüber im Klaren sein, dass mit Pflanzenstärkungsmitteln, Düngern oder anderen Alternativprodukten zu Pflanzenschutzmitteln in der Regel keine so deutlichen Effekte wie mit chemischen Pflanzenschutzmitteln zu erreichen sind.

Der Einsatz von Nützlingen (z. B. Nematoden gegen Larven des Dickmaulrüsslers) kann allerdings äußerst effektiv sein, wenn er fachgerecht durchgeführt wird.

Mit dem Begriff „Stärkungsmittel“ werden viele völlig unterschiedliche Produkte bezeichnet: Manche können erwiesenermaßen Pflanzen allgemein gegen Stress und Schaderreger schützen, die Effekte mancher anderer Stärkungsmittel sind aber nicht nachgewiesen und daher umstritten. Produkte mit einer direkten Wirkung gegen Schaderreger müssen laut Pflanzenschutzgesetz als Pflanzenschutzmittel zugelassen werden, auch biologische Produkte. Sie dürfen nicht als Stärkungsmittel angeboten werden. Gelegentlich entsteht bei manchen Präparaten der Eindruck, dass die Werbeversprechen von Prospekten oder Verkäufern umso größer sind, je geringer die Effekte der angepriesenen Produkte sind. Seien Sie daher misstrauisch gegen möglicherweise übertriebene oder sogar aus der Luft gegriffene Versprechungen.

Zulassungsbedingungen

Wenn Sie sich für den Einsatz von Pflanzenschutzmitteln entscheiden, müssen Sie sich unbedingt an die Anwendungsbestimmungen halten. Auf keinen Fall dürfen Sie Mittel überdosieren. Die Vermutung mancher Gartenbesitzer, dass Produkte, die allein für den Erwerbsgartenbau oder die Landwirtschaft zugelassen sind, deutlich wirksamer seien als die für den Hausgartenbereich, stimmt nicht. Letztere unterliegen ebenso strengen Prüfungen wie die Profi-Produkte und reichen völlig aus. Alle möglichen kursierenden „Wundermittel“ und „Geheimtipps“ betrachten Sie am besten mit Skepsis.

Pflanzenschutzmittel sollten grundsätzlich abends ausgebracht werden und über mehrere Stunden antrocknen. Dadurch können systemische Wirkstoffe ungestört vom Pflanzengewebe aufgenommen werden, bevor die nächsten Niederschläge fallen. Alle gefährdeten Pflanzenteile müssen benetzt werden. Wenn bei der Ausbringung oder kurz danach hohe Temperaturen (über 25 °C) herrschen, verlieren manche Produkte ihre Wirksamkeit oder es können Schäden an den Pflanzen verursacht werden.

Setzen Sie nur so viel Spritzbrühe an, wie Sie wirklich benötigen. Als Faustzahl gilt, dass 1 l Brühe für etwa 10 m² Fläche reicht. Nach der Behandlung spülen Sie die Spritze aus und bringen die Spülflüssigkeit über den behandelten Pflanzen nach deren Abtrocknen aus. Leere Pflanzenschutzmittelbehälter werden sauber ausgespült (Spülflüssigkeit der Spritzbrühe beigeben) und dürfen dann dem Hausmüll oder bei entsprechender Kennzeichnung dem Recycling-System (Glas- und Papierrecycling, Gelber Sack, Gelbe Tonne) zugeführt werden. Nicht mehr zugelassene Pflanzenschutzmittel geben Sie genauso wie Pflanzenschutzmittel, die nicht mehr verwendbar sind, weil sie zum Beispiel eingetrocknet sind, in die Sondermüllsammlung, wo sie fachgerecht entsorgt werden.

Die in diesem Buch erwähnten Pflanzenschutzmittel werden ohne Anspruch auf Vollständigkeit genannt, entsprechend dem Zulassungsstand vom Sommer 2022. Vor einer Anwendung müssen aktuelle Informationen über die Zulassung eingeholt werden.

Garten-Telefon

Unterstützung bei der Diagnose von Pflanzenschäden können Sie zunächst von erfahrenen Hobby- oder Profigärtnern bekommen. Besonders fachkundige Hilfe bieten Beratungs-Hotlines der Gartenakademien („Garten-Telefon“) und der Pflanzenschutzämter. Ein Problem bei der „Fernberatung“ am Telefon vom Schreibtisch aus ist allerdings die Beschreibung des Schadbilds. Am wichtigsten ist zunächst die korrekte Nennung der Pflanzenart und wenn möglich auch der Sorte. Wichtig ist die Beschreibung des Standortes (wie viel Sonne, welcher Boden, Feuchtigkeit), der zuletzt durchgeführten Dünge-, eventuell Pflanzenschutz- und anderen Pflegemaßnahmen.

Die Telefonnummern der Gartenakademien können Sie auf den Serviceseiten am Schluss dieses Buches nachschlagen, bei den Gartenakademien erhalten Sie auch die Telefonnummern der für Sie zuständigen Pflanzenschutzämter. Beratung am Telefon ist meist kostenlos. Wenn Sie Pflanzenproben einsenden oder zu den Pflanzenschutzämtern bringen, müssen Sie je nach Aufwand mit moderaten Gebühren für die Diagnose rechnen.

Digitalfotos

Eine gute Möglichkeit, für Ferndiagnosen das Schadbild zu verdeutlichen, sind Digitalfotos, die schnell per E-Mail verschickt werden können. Dabei sollten Sie beachten, dass die Bilder wirklich scharf und richtig belichtet sind, sonst nützen sie meist wenig. Je nach Schadbild ist es oft hilfreich, wenn zunächst ein Foto der Pflanze mit ihrem Umfeld gemacht wird, auf dem ihr Standort zu erkennen ist, also die benachbarten Pflanzen, Gebäude usw. Dann sollte ein gutes Bild der gesamten Pflanze aufgenommen werden, auf dem der Schaden und seine Position an der Pflanze zu erkennen ist, und dann in immer kleineren Abständen der Schaden selbst. Da die Fotos am Bildschirm begutachtet und nicht gedruckt werden, reicht meist die Einstellung einer geringen Auflösung an der Kamera und entlastet das Postfach.

Viruserkrankungen

Obstbäume werden nicht selten von Viruserkrankungen befallen. In vielen Fällen sind keine Symptome erkennbar, die Viruserkrankung mindert aber das Wachstum und vor allem den Fruchtertrag der Pflanzen. Im Erwerbsobstbau wird daher großer Wert darauf gelegt, Viruserkrankungen zu verhindern. Da es keine Möglichkeiten gibt, Pflanzen im Garten beziehungsweise in der Ertragsanlage von einer bestehenden Viruserkrankung zu heilen, ist Vorbeugung die einzige Alternative. Die Pflanzen, die gesetzt werden, müssen also frei von allen relevanten Viruserkrankungen sein. Das ist bei ordnungsgemäß vermehrten Pflanzen aus Baumschulen des In- und Auslandes selbstverständlich. Außerdem muss die Übertragung von Virosen von Obstbäumen in der Nachbarschaft verhindert werden. Eine wichtige Rolle spielen neben der Übertragung durch Schnittwerkzeuge Schädlinge wie Blattläuse und Blattsauger, die in Erwerbsanlagen intensiv bekämpft werden. Im Hausgarten ist eine effektive Bekämpfung dieser Insekten nicht möglich, daher erkranken dort Obstbäume häufiger an Virosen als in Obstanlagen.

Gelegentlich wird bei Apfelbäumen das Symptom des Apfelmosaikvirus sichtbar: gelbe Flecken auf den Blättern. Beim Kernobst können die Erkrankungen im Hausgarten aber meist toleriert werden, da die Qualität der Früchte nicht übermäßig stark leidet.

Etwas anderes ist es bei der Scharka-Krankheit, die Pflaumen, Zwetschgen, Mirabellen, Renekloden, Pfirsiche, Nektarinen und Aprikosen befällt. Die Blätter kranker Bäume zeigen unregelmäßige, ringartige Aufhellungen, und die Früchte sind deformiert und schmecken fade. Besonders empfindlich ist die Sorte 'Hauszwetschge'. Mittlerweile gibt es neuere Sorten, die auf Scharka-Befall weniger empfindlich regieren, und deren Früchte trotz des Befalls gut schmecken. Solche „scharkatoleranten" Sorten sollten unbedingt bevorzugt gepflanzt werden.

Säulenäpfel sollen extrem empfindlich gegenüber der Apfeltriebsucht sein, einem Mykoplasma, das bei den Säulenäpfeln allerdings nicht wie bei anderen Sorten Besenwuchs, sondern Vergilbungen und Verkümmerung verursacht. Wie bei Virosen ist äußerste Hygiene nötig, außerdem kann die Veredlung auf die neue Unterlage D2212® Erkrankungen vorbeugen.

Apfelschorf und Birnenschorf

Apfelschorf und Birnenschorf gehören zu den größten Problemen im Kernobstanbau. Beide Krankheiten werden durch eng verwandte Pilze verursacht: der Apfelschorf durch *Venturia inaequalis* und der Birnenschorf durch *Venturia pyrina*. Beim Apfelschorf bilden sich olivbraune Flecken auf den Blättern, die später abfallen, oder schwarze Flecken auf den Früchten. Bei Birnen zeigt sich die Erkrankung durch schwarze Flecken auf Blättern, Früchten und, im Gegensatz zum Apfel, auch an den Trieben, die absterben können. In die Befallsstellen der Früchte dringen später andere Pilzkrankheiten

Flecken durch Apfelschorf bieten Eintrittspforten für Fruchfäuleerreger.

ein, sodass die Früchte schnell faulen. Der Befall schwächt die Pflanzen und sie bildet wenige oder gar keine Blüten. Beide Krankheitserreger sind auf Regen und hohe Luftfeuchte angewiesen, befallen die Pflanzen daher vor allem in niederschlagsreichen Regionen Nord- und Westdeutschlands. Der Standorteinfluss ist sehr groß: In windoffenen Lagen, in denen die Blätter verhältnismäßig schnell abtrocknen, ist die Gefährdung deutlich geringer als auf geschützten, dem Regen ausgesetzten Standorten.

Mit Pflanzenschutzmitteln ist diesen beiden Erregern im Hausgarten nur schwer beizukommen, da sehr regelmäßige Spritzungen in kurzen Zeitabständen nötig sind. Hygiene ist daher für den Hausgarten die wichtigste Gegenmaßnahme: Das erkrankte Laub, auf dem der Erreger überwintert, sollten Sie möglichst sorgsam im Herbst zusammenfegen und über die Biotonne entsorgen. Kranke Triebe an kleinen Birnbäumen müssen Sie ausschneiden und ebenfalls entfernen. Das ist bei Zwerg- und Säulenbäumen gut möglich, bei großen Bäumen meist nicht.

In gefährdeten Gebieten ist es besonders wichtig, möglichst widerstandsfähige Sorten zu wählen. Vor allem beim Apfel sind die Sortenunterschiede sehr groß.

Birnengitterrost

Ein weiterer wichtiger pilzlicher Schaderreger an Birnbäumen ist der Birnengitterrost *Gymnosporangium fuscum* (Syn. *Gymnosporangium sabinae*). Er verursacht auffällige gelb- bis rotorangefarbene Flecken auf den Blättern, Trieben sowie Früchten und kann bei starkem Befall zum Blattfall führen. Ein geringer Befall, bei dem weniger als 30 % der Blattfläche geschädigt werden, ist für die Pflanze kein ernsthaftes Problem.

Starker Befall des Birnengitterrostes kann die Pflanze schädigen.

Der Erreger ist wirtswechselnd, das heißt, er überwintert nicht an Birnbäumen, sondern an Wacholder (*Juniperus sabinae, J. chinensis, J. virginiana* und *J. media*). Der heimische Wacholder *Juniperus communis* ist kein Zwischenwirt. Da der Pilz auf dem abgefallenen Laub des Zwischenwirtes abstirbt und dort nicht überwintert, brauchen Sie es nicht zu vernichten. Stattdessen wird oft empfohlen, den Zwischenwirt Wacholder zu entfernen. Weil die Pilzsporen sehr weit fliegen, ist der Erfolg solcher Rodeaktionen allerdings sehr begrenzt. Drei Fungizidspritzungen kurz nach der Blüte im Abstand von 10 bis 14 Tagen zeigen eine recht gute Wirkung. Bewährt ist zum Beispiel das Fungizid Duaxo®. Die Säulen- und Zwergbirnensorten sind, soweit bekannt, alle empfindlich gegen Birnengitterrost, Nashi-Bäume werden kaum befallen.

Echter Mehltau

Der Echte Mehltau, der häufig Apfelbäume befällt, wird ebenfalls durch einen Pilz (*Podosphaera leucotricha*) verursacht, der aber im Gegensatz zum Schorf mit wenig Feuchtigkeit auskommt. Während der Schorf ein „Schlechtwetterpilz" ist, kann der Echte Mehltau also als „Schönwetterpilz" bezeichnet werden. Daher tritt er hauptsächlich an warmen Standorten auf, bevorzugt an Hauswänden. Bei starkem Befall sehen die Triebe weiß bemehlt aus (daher der Name), bei leichtem Befall ist der Belag aber kaum zu erkennen. Allerdings wölben sich befallene Blätter schiffchenartig auf, und die älteren Blätter fallen ab. Auch dieser Erreger schwächt die Pflanze und beeinträchtigt die Blütenknospenbildung. Wie beim Schorf ist auf die Sortenempfindlichkeit zu achten, und an gefährdeten Standorten sollten Sie möglichst unempfindliche Sorten pflanzen. Der Erreger überwintert an den Trieben. Wenn Austriebe erkennbar befallen sind (weißer Belag), sollten sie sofort entfernt werden, um den Befallsdruck zu senken.

Ein Teil der Blüten dieses Apfelbaumes ist von Echtem Mehltau befallen. Das erkennt man am mehligen Belag.

Gegen Echten Mehltau können vorbeugend verschiedene Fungizide eingesetzt werden. Auch im biologischen Anbau zugelassene Präparate, zum Beispiel auf der Basis von Kaliumbikarbonat oder Schwefel, sind recht wirksam. Synthetische Fungizide gegen Echten Mehltau sind unter anderen Duaxo® und Flint®. Das Mehltaufungizid Ortiva® darf bei Apfelbäumen nicht eingesetzt werden, da es starke Schäden bis hin zum Laubfall hervorrufen kann.

Kräuselkrankheit

Pfirsich- und Nektarinenbäume leiden in unserem Klima sehr stark unter der Kräuselkrankheit, *Taphrina deformans*. Bei den normal wachsenden Pfirsichsorten gibt es einige Neuzüchtungen wie 'Amsden', 'Revita'Ⓢ, 'Benedicte'Ⓢ, 'Harrow Beauty' oder die besonders unanfällige Sorte 'Fruteria' (= 'Franziskus'), die mehr oder weniger widerstandsfähig gegen die Kräuselkrankheit sind, aber alle verbreiteten Nektarinensorten sowie die Zwergsorten der Pfirsiche und Nektarinen sind leider alle hoch anfällig. Der Nachteil der resistenten Pfirsichsorten 'Benedicte'Ⓢ und 'Harrow Beauty' ist allerdings, dass sie nur kleine Blüten bilden, die keine so auffällige Zierde wie die anderer Pfirsichsorten sind. Die meisten widerstandsfähigen Sorten sind weißfleischig, nur wenige wie 'Harrow Beauty' gelbfleischig.

Der pilzliche Erreger überwintert auf den Zweigen und infiziert sehr früh die jungen Blattanlagen, sobald die Knospenschuppen sich zu öffnen beginnen. Das kann je nach Witterungsverlauf von Januar bis April bei Temperaturen über 10 °C und einer Regennässe auf den Zweigen von über 12 Stunden der Fall sein. Wenn die Temperaturen längere Zeit über 16 °C steigen, endet die Infektionsgefahr. Befallene Blätter leiden unter starken Deformationen, sie können vertrocknen und abfallen. Die Krankheit kann die Pflanzen so stark schädigen, dass sie kümmern und absterben.

Mit Fungizidspritzungen (z. B. Duaxo®) können Sie den Befall in Grenzen halten, allerdings müssen die Spritzungen sehr früh erfolgen, sobald sich

Die Kräuselkrankheit kann besonders an Zwergsorten von Pfirsich und Nektarine starke Schäden verursachen.

die Knospen zu öffnen beginnen. Sind die Knospen grün, ist der richtige Zeitpunkt verpasst, obwohl sich die Symptome meist erst bei der Entfaltung der Blätter im Mai oder Juni deutlich zeigen.

Eine interessante Methode, die Pflanzen gesund zu halten, bietet sich für Pflanzen in Töpfen (also besonders Zwergpfirsiche und -nektarinen): Man hält sie zumindest bei Regen so lange unter Dach (Dachüberstand der Terrasse, Folientunnel, kühles Gewächshaus), bis sie ausgetrieben sind und die Infektionsgefahr vorbei ist. Das heißt, über Winter bis nach der Blüte müssen Sie die Triebe völlig trocken halten, und Sie dürfen die Pflanzen während dieser Zeit nur direkt an die Wurzel gießen. Wenn der Austrieb Ende Mai entwickelt ist, können Sie sie wieder in den Regen stellen und nass werden lassen, denn dann ist der kritische Zeitraum für eine Infektion vorüber.

Triebsterben

Besonders die Steinobstarten (Pfirsich, Nektarine, Aprikose, Kirsche) können unter Triebsterben leiden. Die Ursache dafür ist meist der Pilz *Monilinia*, der als Monilia-Krankheit bekannt ist und vor allem durch die offenen Blüten Sauerkirschen, Aprikosen sowie Äpfel befällt. Er kann durch Fungizidspritzungen (z. B. mit Duaxo®) zur Blütezeit bekämpft werden, später ist eine Bekämpfung wegen der längeren Infektionszeit schwieriger. Neben *Monilinia* oder in Mischinfektionen mit weiteren pilzlichen Erregern können auch Bakterien der Gattung *Pseudomonas* Triebsterben verursachen, die mit Pflanzenschutzmitteln sehr schwer zu bekämpfen sind. Wichtig ist, welkende Zweige so schnell wie möglich abzuschneiden und sofort über die Biotonne zu entsorgen. Triebsterben bei Birnen wird meist durch Schorf verursacht, auch hier müssen die befallenen Zweige sofort entfernt werden.

Bei Äpfeln ist Trieb- und Aststerben durch Obstbaumkrebs recht häufig, die Säulenäpfel scheinen dafür besonders anfällig zu sein. Die Krankheit

Vom Obstbaumkrebs befallene Zweige sollten sofort entfernt werden.

Abgestorbene Triebe

Sobald Triebe welken und abzusterben beginnen, sollten sie entfernt werden. Die Stelle, über der sie zu welken beginnen, ist der Infektionsherd der pilzlichen oder bakteriellen Erkrankung, der unbedingt vernichtet werden muss. Er ist oft (aber nicht immer) an trockener, eingefallener Rinde zu erkennen, das Holz ist innen braun. Etwa 10 cm unterhalb dieses Infektionsherdes wird der welkende Zweig abgeschnitten und aus dem Garten entfernt. Er kann zum Beispiel über die Biotonne entsorgt werden, da die Erreger bei der Heißkompostierung absterben. Das Werkzeug, mit dem er abgeschnitten wurde, sollten Sie desinfizieren, um eine Verbreitung zu vermeiden.

wird durch den Pilz *Nectria galligena* verursacht und hat mit Krebserkrankungen beim Menschen nichts zu tun. Früchte von befallenen Pflanzen können bedenkenlos gegessen werden. Befallene Zweige (notfalls auch der Mitteltrieb) müssen aber sofort entfernt werden, damit der Erreger nicht benachbarte Pflanzen im Garten befällt. Auch Echter Mehltau kann zu einer Spitzendürre bei Apfeltrieben führen.

Beim Apfel und auch bei Birnen tritt in warmen Lagen gelegentlich Triebsterben durch Feuerbrand auf. Hier handelt es sich um einen bakteriellen Quarantäneschaderreger, der dem Pflanzenschutzamt umgehend zu melden ist.

Blattläuse

Verschiedene Arten von Blattläusen und den nahe verwandten Blattsaugern können alle Gattungen von Obstbäumen befallen. Besonders Süßkirschbäume leiden sehr darunter, aber auch Apfelbäume können durch den Befall mit der Mehligen Apfelblattlaus (*Dysaphis plantaginea*) erheblich geschädigt werden. Starker Blattlausbefall kann zu Triebdeformationen, Laubabwurf und dem Verlust der Früchte sorgen. Außerdem sind diese saugenden Schädlinge Virusüberträger.

Zur Bekämpfung stehen einige mehr oder weniger wirksame Insektizide zur Verfügung, auch biologische Produkte. Wichtig ist dabei zu bedenken, dass reine Kontaktmittel wie Spruzit®- oder Raptol®-Produkte nicht gegen Schädlinge wirken können, die sich geschützt unter eingerollten Blättern befinden. Besonders bei Kirschen und anderen früh reifenden Obstarten sollten Sie darauf achten, dass die vorgeschriebenen Wartezeiten zwischen Spritzung und Ernte eingehalten werden.

Die Mehlige Apfelblattlaus kann zu starken Schäden führen.

Blattwanzen

Verschiedene Blattwanzenarten (zum Beispiel Arten der Gattungen *Lygus* und *Raphigaster*) können erhebliche Schäden an den Blättern und vor allem den Früchten von Kern-, Stein- und Beerenobst verursachen. Sie saugen am sehr jungen, weichen Gewebe, das bei der Weiterentwicklung Verkrüppelungen bildet. Bei Zwergnektarinen können Wanzenschäden zum völligen Fruchtfall führen.

Die Bekämpfung von Blattwanzen ist schwierig, da die Tiere sehr beweglich sind. Man könnte die Pflanzen vorbeugend einnetzen, was aber meist nicht praktikabel ist. Wenn es geht, sollte man empfindliche Pflanzen in einem möglichst großen Abstand von Pflanzungen halten, die den Wanzen als Versteck dienen (Himbeeren, hohe Gräser und Kräuter).

Raupen

Die Raupen von verschiedenen Kleinschmetterlingen (dem Kleinen Frostspanner *Operophtera brumata*, dem Apfelwickler *Cydia pomonella* und anderen) können erheblichen Schaden anrichten. Im Austrieb können die Raupen des Kleinen Frostspanners und anderer Schmetterlinge die jungen Triebe und auch die Blütenknospen befallen. Meist spinnen sie mehrere Blätter aneinander, um sich vor Feinden und vor der Witterung zu schützen. Eine geringe Anzahl von Raupen kann toleriert werden, bei stärkerem Befall werden die Bäume allerdings oft sehr geschwächt.

Eine Methode zur vorbeugenden Bekämpfung von Frostspannern ist das Anbringen von Leimringen. Denn die Weibchen dieses Kleinschmetterlings haben keine funktionsfähigen Flügel, sondern klettern im Herbst den Stamm

Raupen des Frostspanners befallen im April und Mai Blätter sowie Blüten verschiedener Obstbaumarten.

empor, um ihre Eier an den Zweigen abzulegen. Sie können die Tiere abfangen, indem Sie ab September Leimringe am Stamm anbringen und den Leim durch laufende Erneuerung klebrig halten. Im Frühjahr müssen Sie die Leimringe mit den möglicherweise darauf befindlichen Eiern vor dem Schlupf abnehmen und vernichten.

Die Larven des Apfelwicklers („Wurm“ im Apfel) bohren sich in die Früchte ein, wodurch diese ungenießbar werden und faulen. Befallene Äpfel sollten Sie pflücken oder vom Boden aufsammeln und über die Biotonne entsorgen. Außerdem können Sie ab Ende Juni Wellpappegürtel an den Bäumen anbringen, in die die Raupen des Apfelwicklers sich gern zur Verpuppung zurückziehen. Die Wellpappe müssen Sie natürlich regelmäßig wechseln und mit den darin befindlichen Tieren vernichten. Gegen die Raupen werden außerdem biologische Präparate mit dem sehr spezifischen Granulosevirus (z. B. Madex Apfelwicklerfrei®) angeboten. Den genauen Befallszeitpunkt und damit den besten Moment zum Einsatz von biologischen oder synthetischen Insektiziden können Sie durch Lockstofffallen mit Duftstoffen (Sexuallockstoffe, Pheromone) ermitteln.

Ähnliche Schäden verursacht der Pflaumenwickler *Grapholita funebrana* („Wurm“ in der Pflaume), die Gegenmaßnahmen sind dieselben wie beim Apfelwickler. Raupen aller Kleinschmetterlinge können Sie auch durch vorbeugende Behandlungen mit biologischen Pflanzenschutzmitteln auf der Basis von *Bacillus thuringiensis* (z. B. Florbac®, XenTari RaupenFrei®) bekämpfen. Darüber hinaus sind für denselben Zweck chemisch-synthetische Mittel zugelassen.

Himbeerkäfer

Ein weit verbreiteter Schädling an Himbeeren ist der Himbeerkäfer (*Byturus tomentosus*), der seine Eier im Mai in deren Blüten legt. Seine Larven leben dann als kleine weiße „Würmer" in den Früchten. Die Tiere bilden nur eine Generation, daher sind die spät blühenden Herbsthimbeeren nicht gefährdet, sondern nur die früh blühenden Sommersorten. Um Befall vorzubeugen oder gering zu halten, pflücken Sie rechtzeitig alle Früchte ab und lassen Sie keine in der Pflanzung liegen. Entsorgen Sie die wurmigen Früchte nicht über den Kompost, sondern über den Biomüll, da die Tiere nur eine Generation pro Jahr bilden und als Puppen überwintern.

Kirschfruchtfliege

Maden in Süßkirschen stammen meist von der Kirschfruchtfliege (*Rhagoletis cerasi*), die ihre Eier an reifende Früchte von Süß- und Sauerkirschen legt. Die weißen Larven bohren sich dann in die Früchte ein. Besonders gefährdet sind mittel und spät reifende Sorten, Frühsorten werden wenig befallen. Kleinkronige Bäume können Sie mit engmaschigem Netz schützen. Mit gelben Leimfallen wird nur ein kleiner Teil der Fliegen abgefangen, sodass sich die Fallen eher zur Kontrolle als zur direkten Bekämpfung eignen. Befallene Früchte sollten Sie nicht unter dem Baum liegen lassen oder kompostieren, sondern über den Biomüll entsorgen, da die Tiere nur eine Generation pro Jahr bilden und als Puppen überwintern.

Die Kirschessigfliege befällt im Spätsommer die Früchte verschiedener Obstarten.

Kirschessigfliege

Ein neuer, sehr gefährlicher Schädling ist die Kirschessigfliege, *Drosophila suzukii*. Sie ist seit 2011 in Deutschland bekannt und befällt ein breites Spektrum reifender Früchte, von Kirschen und Erdbeeren über Himbeeren, Heidelbeeren, Weintrauben und Pflaumen bis hin zu Pfirsichen. Nur Kernobstfrüchte sind wegen ihrer verhältnismäßig dicken Schale einigermaßen sicher vor ihr. Die Fliege legt ihre Eier durch die Schale hindurch in fast reife oder reife Früchte, und die daraus schlüpfenden, kleinen weißen Maden sorgen dafür, dass die Frucht schnell einen unangenehmen, essigartigen Geschmack annimmt und ungenießbar wird. Da sich die Population in mehreren, aufeinander folgenden Generationen über Sommer aufbaut, sind spät reifende Früchte ab Ende Juli stärker gefährdet als solche, die bis Anfang Juli reif sind.

Wegen des späten Zeitpunkts ihrer Eiablage kurz bevor die Früchte reif werden, ist die Kirschessigfliege mit Insektiziden schwer zu bekämpfen. Im Hausgarten ist daher Hygiene oberstes Gebot. Alle reifenden oder abgefallenen Früchte sollten Sie ernten, sie dürfen nicht am Boden liegen bleiben. Befallenes Obst sollten Sie nicht in die Biotonne oder gar auf den eigenen Kompost werfen, da die Maden sich sehr schnell verpuppen und bald junge Fliegen daraus schlüpfen. Die Früchte mit den Maden sollten Sie daher in dichte Plastiktüten verpacken und entweder kurz eingefrieren oder in die Sonne legen, sodass die Maden durch Kälte beziehungsweise Hitze absterben. Fallen mit Essig und Rotwein locken die Tiere an und können zur Befallsüberwachung beitragen, sie können aber den Befall kaum verringern.

Kleinkronige Bäume können Sie mit engmaschigem Insektenschutznetz (maximal 0,8 mm Maschenweite) schützen, wenn Sie diese rechtzeitig anbringen und nicht zu oft öffnen.

Wespen

Auch Wespen (z. B. *Vespula vulgaris*) und Hornissen (*Vespa crabro*) können bei reifen oder fast reifen Früchten erhebliche Schäden anrichten. Birnen, frühe und mittelfrühe Apfelsorten, Pfirsiche, Aprikosen, Pflaumen sowie Heidelbeeren sind besonders gefährdet. Außer einem Abnetzen der Pflanzen sind leider keine Gegenmaßnahmen möglich.

Nagetiere, Wild und Vögel

Nicht zu unterschätzen sind die Schäden, die Säugetiere an Obstbäumen verursachen können. Vom Reh angefangen über Hasen und Kaninchen bis hin zu verschiedenen Mäusen schmecken vielen von ihnen alle Pflanzenteile von Obstbäumen sehr gut.

Rehe, Hasen und Kaninchen sollten durch Zäune abgehalten werden, gegen Wühlmäuse hilft nur, die jungen Obstbäume in einen Drahtkorb zu pflanzen. Andere Mäusearten fressen die Rinde gern im Schutz einer Mulchschicht oder von Winterschutzmaterialien an. Die Winterschutzmaßnahmen sollten daher erst Mitte bis Ende Dezember ergriffen werden, wenn die Mäuse ihre Winterquartiere woanders gefunden haben.

Wenn Sie frische Fraßstellen oder andere Wunden an der Rinde entdecken, sollten Sie sofort Wundverschlussmittel aufstreichen. Dadurch wird verhindert, dass die Wunden eintrocknen. Wenn die Wunden allerdings erst nach Wochen entdeckt werden und sie schon eingetrocknet sind, ist das Aufstreichen von Wundverschlussmitteln eher ungünstig, da unter der Schicht holzzersetzende Pilze besonders gute Bedingungen finden. Das können auch Fungizidzusätze in den Wundverschlussmitteln nicht verhindern.

Zum Schutz vor Vögeln können Sie die Pflanzen einnetzen. An Vogelscheuchen gewöhnen sich die Tiere schnell.

Frostschäden

Die meisten Säulen- und Zwergobstarten und -sorten vertragen kalte Temperaturen relativ gut. Im Herbst härten die Zweige langsam ab, verlagern Wasser aus dem Gewebe, werfen ihr Laub ab und überstehen dann Temperaturen auch von unter −20 °C recht gut. Treten sehr plötzlich Kälteeinbrüche auf oder gehören die Pflanzen zu einer sehr empfindlichen Art oder Sorte (z. B. Pfirsiche, Aprikosen), können allerdings auch Obstgehölze erfrieren. Besonders das wechselnde Auftauen und Gefrieren von Trieben bei hoher Sonneneinstrahlung kann zu Schäden führen. Die Rinde platzt dann auf oder verbräunt großflächig.

Zum Schutz gegen solche Schäden schattiert man die Pflanzen oder streicht ihre Stämme mit weißer Schutzfarbe an, die die Einstrahlung reflektiert und dadurch die Temperaturunterschiede verringert.

Wurzelschäden durch Kälte und Hitze

Die Wurzeln von Gehölzen sind deutlich kälteempfindlicher als die Triebe, Obstgehölze bilden da keine Ausnahme. Wenn der Boden gefriert, sinkt die

Temperatur je nach Tiefe der Bodenschicht selten unter –5 °C ab, und an diesen Temperaturbereich sind die bei uns üblichen Pflanzen auch angepasst. In Töpfe dagegen kann die Kälte wesentlich besser eindringen als in den Boden, je nach Größe des Gefäßes liegen die Temperaturen häufig nur knapp über der Lufttemperatur. Das heißt, bei –15 °C in der Luft kann die Temperatur im Topf schon unter –10 °C liegen, was für jüngere Wurzeln tödlich ist. Während im Boden ausgepflanzte Obstbäume je nach Sorte bei uns eher in extremen Lagen erfrieren, sind erfrorene Pflanzen in Kübeln oder Töpfen leider auch an geschützten Standorten in milden Regionen häufig zu sehen. Die betroffenen Pflanzen sterben erst ab März/April langsam bis zum Juni ab, und durch den verzögerten Pflanzentod bleibt der Frostschaden als Ursache häufig unerkannt. Vom Symptom her ist er von einem Trockenschaden durch Wassermangel nicht zu unterscheiden! Allerdings kann bei genauerer Begutachtung der Pflanze das zerstörte, verbräunte Gewebe der Wurzeln und des Wurzelhalses als Unterscheidungsmerkmal zumindest zu frischen Trockenschäden gelten.

Zum Schutz der Wurzeln gegen Kälte senken Sie die Pflanzen mit den Töpfen im Herbst am besten in den Boden ein. Wenn das zum Beispiel auf einem Balkon oder einer Terrasse nicht möglich ist, sollten Sie die Töpfe dick mit isolierendem Material (Vlies, Noppenfolie, Jutegewebe) umwickeln. Je dicker die Schicht ist, umso besser wirkt sie. Die oberirdischen Pflanzenteile können Sie mit Schattiernetzen oder Tannenzweigen gegen Einstrahlung und Frost schützen.

Auch Hitze kann bei Pflanzen in Töpfen eine Ursache von Wurzelschäden sein. Wenn sie von der Sonne beschienen werden, können leicht Temperaturen von 50 °C und mehr erreicht werden, die für junge Wurzeln tödlich sind. Die Gefahr ist am höchsten bei schwarzen Kunststofftöpfen, die die Sonneneinstrahlung besonders stark absorbieren. Als Gegenmaßnahme können Sie die Töpfe schattieren, das heißt, einen flacheren Blumenkübel oder einen anderen Gegenstand so aufstellen, dass sie Schutz besonders vor der intensiven Einstrahlung der Nachmittagssonne bieten. Oder Sie wickeln lockeres Material um den Topf, zum Beispiel Juteleinen.

Spätfröste

Werden die Blüten oder junge, weiche, frisch ausgetriebene Triebe von Frösten erfasst, erfrieren sie schon bei knapp unter 0 °C. Das ist zum Beispiel der Fall, wenn zur Blütezeit im April/Mai Spätfröste auftreten. Besonders gefährdet sind Aprikosen wegen ihrer frühen Blütezeit.

Gegen Spätfröste sollten Pflanzen in Kübeln an geschützte Plätze geräumt werden, ausgepflanzte Exemplare decken Sie am besten mit Vlies ab.

1148
602

Säulenäpfel

Das Sortiment an Säulenapfel-Sorten ist in den letzten Jahren stark gewachsen. In diesem Kapitel erfahren Sie mehr über die Herkunft und die ganz besonderen Eigenschaften dieser Sortengruppe. Außerdem finden Sie ab Seite 58 eine Übersicht über die wichtigsten Sorten.

Säulenwuchs: Mutation mit Folgen

Die „echten" Säulenäpfel stammen alle von einer einzigen Pflanze ab: Dem 'McIntosh Typ Wijcik'. Den heute üblichen Säulenäpfeln hat er seine Wuchsform vererbt. Je nach den weiteren Vorfahren unterscheiden sich die Eigenschaften ihrer Früchte aber deutlich.

Der Ursprung: 'McIntosh Typ Wijcik'

Im Jahr 1963 entdeckte der kanadische, polnischstämmige Obstbauer Anthony C. Wijcik an der Spitze eines 50 Jahre alten Apfelbaumes der Sorte 'McIntosh' eine Mutation, die ihm dadurch auffiel, dass der Zweig außergewöhnlich dick und wenig verzweigt war und die Knospen sehr dicht beieinander lagen. Es handelte sich dabei um eine spontane Mutation, wie sie grundsätzlich bei allen Lebewesen von Natur aus häufig vorkommen, in dieser Ausprägung beim Apfel bisher aber noch nicht bekannt war.

Aus dem Trieb wurden Pflanzen vermehrt, und bei Sämlingen aus seinen Früchten zeigte sich, dass das auffällige Wachstum auf etwa die Hälfte der Nachkommen weitervererbt wurde. Verschiedene Züchter weltweit begannen nun, die Pflanzen mit anderen Sorten zu kreuzen, um das Wachstum des 'Typ Wijcik' mit den Eigenschaften anderer, im Obstbau üblicher Sorten zu verbinden. Ihr Ziel war zunächst die Verwendung im Erwerbsobstbau: Durch das lockere Wachstum und den Blütenreichtum erhoffte man sich, besonders ertragreiche Obstanlagen mit sehr geringem Schnittaufwand und ohne den sonst nötigen Pflanzpfahl zu erzielen. So sollte durch extreme Dichtpflanzungen von 7500 bis 10 000 statt der sonst üblichen 1600 bis 3200 Bäume pro Hektar das Ertragspotenzial von etwa 30–80 t/ha auf über 100 t/ha erhöht werden.

Allerdings zeigte sich im Laufe der Zeit, dass diese Neuzüchtungen die extrem hohen Ansprüche des Fruchthandels an die Geschmacksqualität nicht erreichen konnten, sodass der erhoffte Erfolg von Säulenäpfeln im Erwerbsobstbau ausblieb.

Extrem kurze Abstände (Internodien) zwischen den Knospen sind typisch für die Mutation von 'Typ Wijcik'.

Erste Sortengruppen

Britischen Züchtern der Forschungsstation East Malling, die 1975 mit einem Züchtungsprogramm begonnen hatten, wurde allerdings bald bewusst, dass die Nachkommen des 'Typ Wijcik' eine äußerst attraktive Wuchsform besaßen und dadurch für Privatgärten sehr interessant waren. Sie brachten unter dem Markennamen Ballerina® eine Reihe von Sorten heraus, die 1989 auf den deutschen Markt kamen und mit wenig Schnittaufwand in einer schlanken Säulenform gehalten werden konnten. Diese „Säulenäpfel" waren auf dem Markt ein großer Erfolg und erfreuten sich sehr guter Verkaufszahlen.

Da die Sorten geschützt waren, sodass nicht jeder Pflanzenkultivateur sie vermehren durfte, und da die Widerstandsfähigkeit der Bäume gegen Krankheiten (besonders Schorf) sowie der Geschmack ihrer Früchte noch verbesserungswürdig zu sein schienen, züchteten verschiedene Wissenschaftler und Baumschuler weitere Säulenapfel-Sorten. Zunächst kamen die Starline® und die Artus Sagenda Trees® auf dem Markt, inzwischen sind es allein in Deutschland über zehn Sortengruppen.

Mitte der 1970er-Jahre begann auch der Biologe Viktor Kichina in der damaligen Sowjetunion mit einem Züchtungsprogramm von Säulenäpfeln, mittlerweile soll es in Russland rund 30 Säulenapfel-Sorten geben. Später kamen Züchtungsreihen aus Frankreich, Tschechien, Deutschland, Lettland, Serbien und anderen Staaten zu den britischen und russischen Säulenäpfeln hinzu.

Wachstum

Wie beschrieben, handelt es sich bei dem vom 'Typ Wijcik' vererbten Säulenwuchs um eine völlig natürliche genetische Veränderung. Anders als gelegentlich vermutet wird, haben weder sie noch die daraus über herkömmliche Züchtungsmethoden entstandenen Sorten etwas mit Gentechnik zu tun. Durch die Mutation hat sich der Haushalt der Phytohormone in den Pflanzen verändert, die das Wachstum steuern. Der 'Typ Wijcik' soll mehr Cytokinine und Auxine sowie weniger Gibberelline und Abscisinsäure als

Standardsorten als Säulenäpfel im Angebot

Leider werden gelegentlich, vor allem im Internet, auch normal wachsende Sorten wie 'Ananasrenette', 'Braeburn', 'Baya® Marisa', 'Gala' oder 'Golden Delicious' als Säulenäpfel angeboten. Diese Obstbäume werden zwar in der Baumschule säulenförmig angezogen, besitzen aber keinen genetisch bedingten Säulenwuchs. Ähnliches gilt auch für Spur-Typen.

Triploide Apfelsorten

Triploide Sorten wie 'Roter Boskoop', 'Gravensteiner', 'Jonagold', 'Kaiser Wilhelm', 'Ontario' oder 'Holsteiner Cox' bilden keinen funktionsfähigen Pollen aus und eignen sich daher nicht als Befruchter für andere Sorten.

andere Apfelsorten bilden. Dadurch werden die Abstände zwischen den Knospen (die Internodien) extrem eng, und es entstehen nur wenige lange Seitentriebe. Die langen Seitentriebe bilden sich hauptsächlich neben der Terminalknospe, die sich im Spätsommer entwickelt und nach der Winterruhe im Frühjahr austreibt.

Die Pflanzen wachsen verhältnismäßig schwach und bilden an kurzen Seitentrieben reichlich Blütenknospen. Das geringe Wachstum führt dazu, dass Schwachwuchs induzierende Veredlungsunterlagen wie M 9 und M 27® für die Säulenäpfel ungeeignet sind. Die schwächste Unterlage, die verwendet wird, ist M 26, Veredlungen hierauf bleiben aber sehr klein. Früher wurde gern die etwas stärker wachsende Unterlage MM 106 verwendet, die allerdings den Nachteil hat, dass sie empfindlich gegen Kragenfäule (*Phytophthora cactorum*) ist. Unter anderem deshalb werden inzwischen meist die etwas stärkeren Unterlagen MM 111, M 4 oder M 7 benutzt. Noch stärker wachsen A 2 und P 14. Auf guten Böden werden solche Pflanzen allerdings unter Umständen größer als erwünscht. Je nach Unterlage, Sorte und Standort können Säulenäpfel etwa 2–7 m hoch werden. Durch Schnitt kann man aber alle Sorten auf etwa 2 m Höhe halten.

Die stärker wachsenden Unterlagen bilden standfeste Wurzeln, sodass kein Pfahl nötig ist. Bei den schwachen (M 26, MM 106, M 4, M 7) sollte aber ein Pfahl den Pflanzen Halt geben, damit sie beim Vollertrag nicht umkippen.

Befruchtung

Säulenäpfel sind, wie alle anderen Apfelsorten auch, selbststeril. Das heißt, damit sie Früchte tragen, ist eine Befruchtung mit Pollen einer anderen Sorte nötig. Die Berücksichtigung von Befruchtungsverhältnissen spielt im

Ausdünnen!

Wenn Apfelbäume zu viele Früchte ansetzen, sollten Sie sie ausdünnen. Dadurch werden die Fruchtgröße, der Geschmack und der Blütenansatz für das nächste Jahr verbessert.

Erwerbsobstbau eine wichtige Rolle, denn dort können mehrere tausend Pflanzen derselben Sorte auf einer Fläche stehen, deren Ertrag ohne eine Zwischenpflanzung von Befruchtersorten sehr leiden würde. In Hausgärten stehen dagegen in der Regel einzelne Pflanzen unterschiedlicher Apfelsorten in einer für Bestäuberinsekten (vor allem Bienen) erreichbaren Nähe voneinander, sodass eine ausreichende Befruchtung auch dann gewährleistet ist, wenn nicht gezielt eine Pollenspendersorte daneben gepflanzt wird. Nur in isolierten Lagen ist eine extra Befruchtersorte nötig. Dazu eignen sich grundsätzlich alle Apfel- und Zierapfelsorten, die zur selben Zeit wie der Säulenapfel blühen, nicht zu eng mit ihm verwandt sind und überhaupt fruchtbaren Pollen ausbilden. Pollenspender brauchen also keine Säulenäpfel zu sein, sondern herkömmliche Sorten oder sogar Zieräpfel eignen sich sehr gut!

Ertrag und Alternanz

Säulenäpfel neigen dazu, am Stamm Kurztriebe zu bilden und dort reichlich Blütenknospen anzusetzen, aus denen sich später Früchte bilden. Wie bei allen anderen Apfelsorten auch, behindern die Früchte allerdings die Anlage der neuen Blütenknospen in ihrer direkten Nähe fürs nächste Jahr. Das heißt, auf ein ertragreiches Jahr kann also eins ohne Blüten und Früchte folgen, in dem wieder reichlich Blüten angesetzt werden, sodass sich die Jahre mit und ohne Ertrag abwechseln. Das nennt man Alternanz. Eine Auffälligkeit der Säulenäpfel ist, dass der Neutrieb sich nicht nach dem vorjährigen Trieb richtet. Einem Abschnitt des Stammes, der reichlich trägt, kann ein Abschnitt folgen, der nicht trägt und dann wieder einer, der sehr reich trägt. Es kann also zur „meterweisen" Alternanz kommen.

Die meisten Säulenapfelsorten blühen und fruchten extrem reich. Dadurch neigen sie stärker zur Alternanz als die meisten herkömmlichen Sorten.

Verhindern oder zumindest mindern können Sie die Alternanz, indem Sie einen Teil der abgeblühten Blüten auskneifen und einen Teil der Früchte entfernen, wenn sie etwa so groß wie eine Walnuss sind. Faustzahl ist, dass etwa sieben Äpfel pro Meter Trieblänge bleiben dürfen. Denn jeder Apfel benötigt etwa 20 Blätter, damit er zu einer Frucht mit guter Qualität heranreifen kann.

Sehr dichter Behang sieht attraktiv aus, sollte aber für eine bessere Fruchtqualität und gegen Alternanz ausgedünnt werden.

Schnitt

Säulenapfel-Sorten zeichnen sich dadurch aus, dass sie kaum geschnitten werden müssen und dass die wenigen Schnittmaßnahmen, die nötig sind, nur geringe Fachkenntnisse erfordern. Säulenäpfel sind also ideale Obstbäume für „Einsteiger".

Mitteltrieb (Terminale)

Die „echten" Säulenäpfel, die von 'Typ Wijcik' abstammen, bilden einen kompakten Mitteltrieb mit sehr dicker Terminalknospe. Der Mitteltrieb sollte daher im Normalfall nicht eingekürzt werden, weder bei der Pflanzung noch bei der Erziehung.

Allerdings passiert es nicht selten, dass der Mitteltrieb sehr spät ausreift, sodass seine Spitze erfriert oder vom Obstbaumkrebs befallen wird und abstirbt. Dann muss der Mitteltrieb bis weit ins gesunde (weiße oder grüne) Gewebe zurückgeschnitten und aus einer Seitenknospe ein neuer Mitteltrieb gezogen werden. Nach dem Rückschnitt wird die Schnittstelle am besten mit einem Wundverschlussmittel verstrichen. Von den im Frühjahr austreibenden Zweigen wird der stärkste (in der Regel der oberste), wenn er eine Länge von 5–10 cm erreicht hat, an einen Stab geheftet, damit er eine gerade Stammverlängerung bildet.

Seitentriebe werden im Sommer oder spätestens im darauffolgenden Frühjahr eingekürzt.

Seitentriebe

Die neu entstehenden Seitentriebe werden im Sommer auf eine Länge von 10–20 cm eingekürzt. Johannistriebe an den Seiten, die nach dem Rückschnitt ab etwa Juli entstehen, sollten Sie ebenfalls kürzen oder entfernen. Im darauffolgenden Winter werden die Seitentriebe weiter auf etwa zwei bis drei Knospen eingekürzt. Meist reicht ein ein- oder zweimaliger Schnitt, damit sich die Seitentriebe zu Fruchtholz umbilden und kein starkes Längenwachstum mehr entsteht.

Häufig befinden sich an der Terminale nicht nur eine, sondern zwei oder drei Knospen, die lange Triebe bilden. Sehr stark wachsende Triebe neben dem Mitteltrieb („Konkurrenztriebe“) werden am besten ganz entfernt oder bis auf wenige Millimeter Länge eingekürzt.

Wenn die Pflanzen ihre gewünschte Größe von zum Beispiel 2 m oder mehr erreicht haben, wird der Mitteltrieb nicht mehr verlängert, sondern im Sommer entfernt oder wie Fruchtholz stark eingekürzt. Wegen der Spitzenförderung der Obstbäume wachsen sie im oberen Bereich deutlich kräftiger als im unteren und müssen dort im Sommer erheblich stärker geschnitten werden.

Bei Säulenäpfeln werden zu lange Seitentriebe oder Konkurrenztriebe stark eingekürzt oder ganz entfernt.

Säulenäpfel ohne Schnitt

Selbstverständlich müssen die Säulenapfel-Sorten nicht unbedingt auf einen Trieb gestellt und zur Säule geschnitten werden. Ohne Schnitt entwickeln sie einen mehr oder weniger trichter- oder kaktusförmigen Aufbau mit etwa drei bis fünf Haupttrieben, der sehr interessant aussieht.

Sorten

Die Vielfalt der Sorten von Säulenäpfeln ist sehr groß. Alle Farben und Formen der Früchte sind vertreten, und es gibt sogar einige Säulenäpfel mit rötlichem Laub und rot gefärbtem Fruchtfleisch. Darüber sollte aber die Widerstandsfähigkeit nicht vergessen werden. Die Beschreibung der einzelnen Sorten finden Sie ab Seite 58.

Sortennamen

Die Namen der Säulen- und Zwergobstsorten sind für den Laien oft verwirrend, da es Handelsnamen, Sortennamen oder auch geschützte Markennamen geben kann. Deswegen hier einige Grundlagen zur Sortenbezeichnung.

Viele Obstsorten sind rechtlich geschützt, auch viele Zwergobstsorten und Säulenäpfel. Für eine neue Sorte kann landes- oder europaweiter Sortenschutz beantragt werden, der in der rechtlichen Wirkung dem Patent zum Beispiel für eine Erfindung ähnlich ist, wobei aber auch prinzipielle Unterschiede zwischen Sortenschutz und Patent bestehen.

Wenn der Sortenschutz erteilt ist, kann er bei Gehölzen maximal 30 Jahre lang bestehen. Während dieser Zeit darf die Sorte nur mit Erlaubnis des Schutzinhabers kommerziell vermehrt werden. Das bedeutet, dass zum Beispiel Baumschulen und Obstbauern, die eine solche Sorte vermehren möchten, eine Erlaubnis für die Vermehrung einholen müssen und in der Regel eine Lizenzgebühr dafür zahlen. Nach 30 Jahren läuft der Sortenschutz ab, und jedermann darf die Sorte dann lizenzfrei vermehren. Nichtkommerzielle Vermehrung für den privaten Eigenbedarf ist allerdings auch bei geschützten Sorten erlaubt.

Sortenschutz und Markenbezeichnungen

Bei Sorten, die wirtschaftlich sehr erfolgreich sind und manchmal auch mit bedeutendem finanziellem Aufwand gezüchtet und beworben wurden, versuchen die Züchter oft, ihre Nutznießung an den Sorten zu verlängern, indem eine Sorte unter einem oft unattraktiven Namen für den Sortenschutz angemeldet wird und unter einem anderen, klangvolleren, geschützten Markennamen vermarktet wird. Der Schutz von Markennamen kann unbegrenzt verlängert werden. Nachdem der Sortenschutz abgelaufen ist, darf zum Beispiel die Sorte 'Tuscan'Ⓢ lizenzfrei vermehrt, aber nicht unter ihrem geschützten Markennamen 'Bolero'® auf dem Markt angeboten werden. Das Ganze ist für den Gartenliebhaber auf den ersten Blick unwichtig, kann aber dazu führen, dass dieselbe Sorte unter verschiedenen Namen im Handel ist. Denn in der Vergangenheit durfte, abgesehen vom geschützten Markennamen, eine nicht geschützte Sorte unter irgendwelchen Fantasienamen angeboten werden. So sind gelegentlich im Endverkauf Säulenäpfel mit Bezeichnungen wie „Säulenapfel rot" zu finden, hinter denen sich vermutlich nicht geschützte Sorten verbergen, die eigentlich einen anderen, geschützten Markennamen tragen. Neuerdings müssen auch die Namen ungeschützter Sorten registriert werden, was aber nicht verhindern kann, dass eine Sorte unter unterschiedlichen Sortenbezeichnungen angeboten wird. Das ist der Grund für die verwirrende Namensvielfalt mancher Sorten bei vielen Obstarten, aber auch bei Ziergehölzen. Es gibt bisher keine rechtlichen Vorgaben für die Benennung nicht geschützter Sorten. So dürfen solche Pflanzen jederzeit mit neuen, wohlklingenden Namen „umgetauft" und registriert werden, was zwar unter Umständen aus Marketingsicht sinnvoll ist, aber in der Pflanzensystematik und beim Verbraucher manchmal für Verwirrung sorgt.

Geschützte Sorten werden häufig mit einem ® (für Markenzeichenschutz) oder einem Ⓢ (für Sortenschutz) gekennzeichnet. Das wird auch in diesem Buch getan, allerdings ohne Gewähr und ohne Anspruch auf Aktualität und Vollständigkeit. Denn bei einigen der im Buch erwähnten Sorten läuft der Schutz demnächst aus, und bei manchen anderen war nicht zweifelsfrei zu klären, ob die Sorten selbst oder ihre Namen geschützt sind. Die Angaben der Anbieter widersprechen sich leider oft. Wer eine Sorte kommerziell vermehren möchte, muss sich also selbst vorher genau erkundigen, ob er damit Schutzrechte verletzt. Meist kann die Quelle, von der man das Vermehrungsmaterial bezieht, die nötigen Informationen darüber liefern. Auskunft zum Sortenschutz geben das Bundessortenamt in Hannover und das Gemeinschaftliche Sortenamt in Angers (Frankreich). Informationen zum Markenschutz finden sich beim Deutschen Patent- und Markenamt (DPMA) in München oder beim Amt der Europäischen Union für geistiges Eigentum (EUIPO) in Alicante (Spanien).

Bewertung der Sorten

Die Bewertung der einzelnen Sorten ist nicht ganz einfach. Die Beschreibungen der Anbieter sind zwar oft sehr vielfältig, aber meist etwas zu optimistisch und manchmal sogar irreführend. Sie wurden daher in diesem Buch nicht unkritisch übernommen, sondern sie wurden mit Ergebnissen von Sortenvergleichen aus den Vergleichspflanzungen im Gartenbauzentrum Schleswig-Holstein in Ellerhoop-Thiensen, der Lehr- und Versuchsanstalt für Gartenbau in Erfurt, dem Bildungszentrum Gartenbau der LWK Nordrhein-

Westfalen in Münster-Wolbeck, der Bayerischen Landesanstalt für Weinbau und Gartenbau in Veitshöchheim, der Lehr- und Versuchsanstalt Weinsberg, des Sichtungsgartens der Baumschule Lubera® in Bad Zwischenahn sowie mit eigenen Erfahrungen des Autors abgeglichen. In Ellerhoop-Thiensen herrscht besonders starker Schorfdruck, die Widerstandskraft der einzelnen Sorten war an anderen Standorten zum Teil deutlich besser.

Selbstverständlich gibt es kein absolutes Maß dafür, wie widerstandsfähig eine Sorte ist, wie stark sie wächst oder wie aromatisch ihre Früchte sind. Denn die Pflanzeneigenschaften hängen maßgeblich vom Standort sowie der jeweiligen Witterung und der Geschmack vor allem vom Erntezeitpunkt sowie dem Reifezustand der Früchte ab. Die Angaben sind daher zwar nach bestem Wissen und Gewissen gemacht, aber nie als absolute Wahrheit anzusehen.

Ab Seite 58 finden Sie ein umfangreiches Sortiment, das in Baumschulen, Gartencentern, im Einzelhandel und im Internet erhältlich ist. Es wird aber darauf verzichtet, ein besonders empfehlenswertes Kernsortiment einzugrenzen, da je nach örtlichen Klimabedingungen und Vorlieben des Gartenbesitzers zum Beispiel beim Geschmack die Bewertung einer Sorte recht unterschiedlich ausfallen kann. Ziel ist vielmehr, ein Nachschlagewerk zu bieten, in dem die Eigenschaften der auf dem Markt befindlichen Sorten möglichst objektiv dargestellt werden.

Sorten ohne Gruppenzuordnung

Viele, aber nicht alle Säulenäpfel werden von den Anbietern in Gruppen mit einem klangvollen Markennamen zusammen angeboten.

Die Sorten 'Arbat'® und 'Dzin'®, die schon recht früh auf dem deutschen Markt erschienen, wurden schon vor der Gruppe der 1a plants von Baumschule Krämer in Detmold auf den deutschen Markt gebracht. Sie kamen über Litauen nach Deutschland, stammen aber aus einer Züchtungsreihe des russischen Biologen Viktor Kichina am Institut für Züchtung VISTISP in Moskau (Russland).

Ebenfalls weit verbreitet sind die Sorten 'Rhapsodie'Ⓢ, 'Rondo'Ⓢ und 'Sonate'Ⓢ, die wie die MiniTrees® von Vladislav Tupy am Institut für Experimentelle Botanik in Prag-Strížovice (Tschechien) gezüchtet wurden. In Deutschland werden die Sortenrechte von Artevos® vertreten, und die Sorten werden seit etwa 2005 von vielen Artevos®-Partnerbetrieben angezogen.

Säulenäpfel wie dieser der Sorte 'Pronto'® zeichnen sich durch sehr reichen Fruchtansatz aus.

Sortengruppen

Die Säulenäpfel und manchmal auch andere Gehölzsorten werden seit einiger Zeit von ihren Züchtern in Gruppen zusammengefasst, die mit einprägsamen Namen versehen sind. Hier folgt eine kurze Beschreibung dieser Sortengruppen.

1a plants

Die Reihe 1a plants wurde von der Baumschule Krämer in Detmold 2009 auf den Markt gebracht. Gezüchtet wurden diese Sorten vom Baumschuler Jürgen Holstiege in Münster.

Artus Sagenda Trees®

Als eine der ersten Gruppen kamen die Artus Sagenda Trees® um 2004 auf den deutschen Markt, die an der Forschungsanstalt Geisenheim von Helmut Jacob gezüchtet worden waren. Zuchtziel waren Sorten für den Hausgarten, die an Widerstandskraft und Fruchtqualität die Sorten der Ballerina®-Reihe übertrafen. Benannt wurden die Sorten nach Personen aus der Sage um den britischen König Artus.

'Pompink'Ⓢ, 'Pomforyou'Ⓢ und 'Pomredrobust'® befruchten sich gegenseitig.

Ballerina®

Die Ballerina®-Äpfel waren die ersten Säulenäpfel auf dem deutschen Markt, auf dem sie seit 1989 angeboten werden. Gezüchtet wurden sie ab 1975 an der Versuchsanstalt East Malling in England von Kenneth Tobutt und Raymond Watkins als eine der ersten Züchtungsreihen mit 'Typ Wijcik' überhaupt.

Sie wurden zunächst auf die gegen Kragenfäule empfindliche Unterlage MM 106 veredelt, mittlerweile werden eher die gesünderen und etwas stärker wachsenden M 7, M 11 oder P 14 verwendet. Die meisten Sorten dieser Gruppe sind verhältnismäßig schorfanfällig.

CATS

Die CATS-Säulenäpfel wurden wie die Artus Sagenda Trees® an der Forschungsanstalt Geisenheim von Helmut Jacob gezüchtet. Zuchtziel waren Sorten für den Erwerbsobstbau, bei denen weniger die Widerstandskraft gegen Krankheitserreger, als vielmehr eine gute Verkaufsqualität der Früchte im Vordergrund stand. Der Begriff CATS ist von der englischen Bezeichnung *columnar apple trees* für Säulenapfelbäume hergeleitet.

Malini®

Die Malini®-Sorten wurden von der Schweizer Baumschule Lubera® gezüchtet und sind seit 2010 auf dem Markt. Sie werden auf die schwach wachsende Unterlage M 26 veredelt.

MiniTrees®

In der Tschechischen Republik wurden am Institut für Experimentelle Botanik in Prag-Strížovice von Vladislav Tupy die MiniTrees®-Sorten gezüchtet. Sie werden von der niederländischen Baumschule Fleuren auf dem europäischen Markt seit etwa 2010 angeboten. In Nordamerika sind sie unter dem Markennamen „Urban Apple® Trees“ bekannt. MiniTrees®-Säulenäpfel werden üblicherweise auf die schwach wachsende Unterlage M 26 veredelt.

Sensation = Aroma Spur®

Die Säulenäpfel dieser Reihe wurden von Vladislav Ognjanov an der Universität Novi Sad in Serbien gezüchtet. Die Züchtungsarbeit begann 1987, ein wichtiges Zuchtziel war die Krankheitsresistenz. Soweit bekannt ist, werden sie auf M 26 veredelt. Zusammen mit zwei Sorten aus der „CATS“-Reihe werden sie auch unter dem Markenzeichen „Aroma Spur“ angeboten.

Starline®

Die französische Baumschule Delbard führte in Zusammenarbeit mit der Baumschule Hoffmann (Münster) verschiedene Kreuzungen mit Abkömmlingen des ‘Typ Wijcik’ durch, las die besten aus und bot sie unter dem Markennamen Starline® zusammen mit anderen Gehölzen seit 2001 an. In Frankreich und zum Teil auch in der Schweiz werden andere Sortennamen (Namen berühmter Schlösser wie Amboise, Villandry, Chinon) verwendet.

'Acrobat'®

Frucht: rot, mittelgroß, süß, knackig-saftig, aromatisch
Genussreife: Artevos: Ende August/Anf. September, gut lagerfähig
Baum: mittelstarke Säule
Sonstiges: neue Sorte 2022 von Artevos, gezüchtet am Institut für Experimentelle Botanik in Prag, Kreuzung 'Allegro' × 'Rondo'

'Ajanta'® (Syn. A8-2-08Fb)

Frucht: groß, hellgelb mit leuchtend roter Deckfarbe, sehr saftig, süß, aromatisch
Genussreife: mittelspät, Ende September
Baum: gesund, robust.
Sonstiges: neue Sorte 2022 von Artevos, benannt nach den indischen Ajanta-Höhlen, gezüchtet an der Hochschule Geisenheim

ÄPFEL

'Arbat'®

Frucht: klein bis mittelgroß, gelb/rot, fest, saftig, feinsäuerlich
Genussreife: Ende September bis November
Baum: schorffrei
Sonstiges: Die Sorte wurde 1978 von Viktor Kichina am Institut für Züchtung VISTISP in Moskau (Russland) gezüchtet und kam 1985 als erster schorffreier Säulenapfel auf den Markt

'Aros'®

Frucht: sehr kleiner, dunkelroter Zierapfel
Genussreife: -
Baum: schlank
Sonstiges: Sorte von Malus toringo, gezüchtet von Karsten Jensen (Dänemark). dunkelrotes, glänzendes Laub bis in den Herbst hinein, zum Teil dreilappig. Rote Blüte, sehr attraktiv

'Berbat'® (Syn. 'Delwila')

Frucht: groß bis sehr groß, gelb/rot, locker, eher süß
Genussreife: September bis November
Baum: wenig Schorf
Sonstiges: gezüchtet von der Baumschule Delbard (Frankreich)

'Black Beauty'®

aus der Reihe Malini®
Frucht: dunkelrot, fast schwarz, fest, saftig
Genussreife: September bis Oktober
Baum: etwas verzweigt

'Blue Moon' (Syn. 'Delcoblu')

aus der Reihe Starline®
Frucht: groß, lilarot, violett bereift, sehr attraktiv, mürbe, saftig, mild, eher süßlich
Genussreife: Ende August
Baum: etwas anfällig für Schorf und Mehltau
Sonstiges: in Frankreich unter dem Sortennamen 'Chinon'® angeboten

'Bolero'® (Syn. 'Tuscan'®)

aus der Reihe Ballerina®
Frucht: groß, gelbgrün, saftig
Genussreife: September/Oktober
Baum: schorfanfällig

ÄPFEL

'Cuckoo'®

aus der Reihe Malini®

Frucht: klein bis mittelgroß, rot mit rosarotem Fruchtfleisch, säuerlich

Genussreife: Ende September/Oktober

Sonstiges: rosarote Blüte, rotlaubiger Austrieb, sehr dekorativ

'Dulcessa'®

aus der Reihe Malini®

Frucht: klein bis mittelgroß, dunkelrot, fest, süß

Genussreife: September/Oktober, lagerfähig

Baum: etwas Schorf

ÄPFEL

'Dzin'®

Frucht: klein bis mittelgroß, gelb/rot, lila bereift, feste Schale, saftig, mit milder Säure

Genussreife: September/Oktober

Sonstiges: gezüchtet von Viktor Kichina am Institut für Züchtung VISTISP in Moskau (Russland), benannt nach dem Dschinn, einem Feuerwesen aus der orientalischen Mythologie

'Equilibro'®

aus der Reihe Malini®

Frucht: mittelgroß bis groß, gelb/rot, saftig, süßsäuerlich

Genussreife: Ende September bis Dezember

Baum: mehltauanfällig

'Finn'®

aus der Reihe 1a plants

Frucht: groß, orangerot gestreift, Geschmack eher süß

Genussreife: August/September

Baum: etwas Schorfbefall

'Fire Dance' (Syn. 'Indian Summer', 'Delcolin')

aus der Reihe Starline®

Frucht: mittelgroß, orangerot, fest mit feiner, milder Säure

Genussreife: Oktober bis Dezember

Baum: etwas Schorf und Echter Mehltau

Sonstiges: in Frankreich unter dem Sortennamen 'Cheverny'® angeboten

'Flamenco'® (Syn. 'Obelisk'Ⓢ)

aus der Reihe Ballerina®

Frucht: mittelgroß, dunkelrot, fest, saftig

Genussreife: September/Oktober

Baum: schorfanfällig

'Fresco'®

aus der Reihe Malini®

Frucht: groß, dunkelrot, saftig, säuerlich

Pflückreife: ab November, lagerfähig

Baum: etwas schorfanfällig

ÄPFEL

'Garden Fountain' (Syn. 'Delfloden')
aus der Reihe Starline®
Frucht: mittelgroß, gelb/rot, fest, mild
Genussreife: Oktober bis Dezember
Baum: etwas Schorf

'Gold Sensation'® (Syn. Aroma Spur® Gelb)
Frucht: mittelgroß, länglichrund, gelb, fest, saftig, süßes Aroma
Genussreife: Ende August, zwei Monate lang lagerfähig
Baum: kompakt
Sonstiges: Kreuzung 'Golden Delicious' × 'Typ Wijcik'

ÄPFEL

'Goldcats'®
aus der Reihe CATS
Frucht: groß, gelb mit Rot, eher süß, mit leichter Säure
Genussreife: September
Baum: anfällig für Schorf und Echten Mehltau

'Golden Gate' (Syn. 'Delcoga')
aus der Reihe Starline®
Frucht: mittelgroß, gelb/orangerot, fest, eher süß
Genussreife: Oktober bis Dezember
Baum: schorfanfällig, Echter Mehltau möglich

‘Goldlane’Ⓢ

aus der Reihe MiniTrees®

Frucht: groß, grün/gelb, süß
Genussreife: Oktober, lagerfähig
Baum: schorfanfällig

‘Gracilis’®

aus der Reihe Malini®

Frucht: klein bis mittelgroß, rot mit gelb, süß aromatisch
Genussreife: ab September
Baum: schwacher Wuchs, sehr schlank, wenig Seitentriebe
Sonstiges: neue Sorte

‘Green Sensation’® (Syn. Aroma Spur® Grün)

Frucht: mittelgroß, breitrund, hellgrün, fest, saftig, säuerliches Aroma
Genussreife: Ende September, 6 Monate lagerfähig
Baum: kompakt
Sonstiges: Kreuzung ‘Granny Smith’ × ‘Typ Wijcik’

ÄPFEL

‘Greencats’Ⓢ

aus der Reihe CATS

Frucht: groß, grün bis gelb, knackig, saftig, süß-säuerlich
Genussreife: September/Oktober
Baum: etwas Schorf und Echter Mehltau

'Greenlight'®

aus der Reihe Malini®

Frucht: mittelgroß, relativ flach, grün bis gelb, saftig, eher säuerlich

Pflückreife: ab November, lagerfähig

'Jarle'®

aus der Reihe 1a plants

Frucht: mittelgroß, grün/rot, fest, saftig

Genussreife: September/Oktober, einige Wochen lagerfähig

Baum: etwas Schorfbefall

'Karli'Ⓢ (Syn. HL 684)

Frucht: groß, gelblich grün mit hellroter Backe. Fruchtfleisch weiß, sehr fest und saftig, aromatisch

Genussreife: mittelspät

Baum: gesund, robust, bringt jedes Jahr regelmäßig Ertrag

Sonstiges: neue Sorte 2022 von Artevos

'Lambada'Ⓢ

Frucht: mittelgroß, gelb manchmal mit zart-orange behauchter Backe, soll besonders aromatisch sein

Genussreife: ab Oktober bis Januar

Baum: schorfresistent, wenig Echter Mehltau

Sonstiges: neuere Sorte vom Institut für Experimentelle Botanik in Prag (Tschechien), Kreuzung 'Gold Bohemia' × 'Moonlight'Ⓢ

'Lopini'®

Frucht: mittelgroß, rot-gelb,saftig, harmonisch süß
Genussreife: Mitte August
Baum: schlank, robust
Sonstiges: Kreuzung 'Luna' × 'Pomredrobust', neuere Sorte

'Mannequin'®

aus der Reihe Malini®
Frucht: gelb/rot gestreift, süß
Genussreife: Ende September
Baum: besonders schlank, fast ohne Seitentriebe
Sonstiges: neuere Sorte

'Maypole'®

aus der Reihe Ballerina®
Frucht: kleine, purpurrote, rotfleischige Zieräpfel, zur Verarbeitung geeignet
Pflückreife: ab September
Baum: schorfanfällig
Sonstiges: rotlaubiger, rot blühender Zierapfel, sehr attraktiv

'McIntosh Typ Wijcik'

Frucht: groß, violettrot, saftig, mürbe, leicht säuerlich
Genussreife: September bis November
Baum: anfällig für Schorf und Echten Mehltau
Sonstiges: Ursprungssorte für die Säulenäpfel, auch unter dem Namen 'Spindellino' angeboten

ÄPFEL

'Moonlight'®
aus der Reihe MiniTrees®
Frucht: groß, gelb/rot, aromatisch frisch süß
Genussreife: Oktober, lagerfähig
Baum: etwas Schorf

'Peke'®
aus der Reihe 1a plants
Frucht: klein bis mittelgroß, dunkelrot, knackig, saftig, eher süß
Genussreife: September/Oktober
Baum: nach bisherigen Erfahrungen schorffrei

'Polka'® (Syn. 'Trajan'®)
aus der Reihe Ballerina®
Frucht: mittelgroß, rot bis grünrot, fest, saftig
Genussreife: September
Baum: schorfanfällig

'Pomforyou'® (Syn. 'Lancelot'®)
aus der Reihe Artus Sagenda Trees®
Frucht: mittelgroß, gelb/rot, säurebetont, eher Mostapfel
Pflückreife: Oktober bis Dezember
Baum: schorfanfällig
Sonstiges: Kreuzung 'Maypole'® × 'Roter Elstar'®

'Pompink'Ⓢ (Syn. 'Ginover'®)

aus der Reihe Artus Sagenda Trees®

Frucht: mittelgroß, gelb/rot, leicht rosa beduftet, sehr fest, saftig
Pflückreife: Oktober, gute Lagerfähigkeit
Baum: etwas empfindlich für Schorf und Echten Mehltau
Sonstiges: wird als eine der besten Säulenapfel-Sorten gelobt

'Pomredrobust'® (Syn. 'Galahad'®)

aus der Reihe Artus Sagenda Trees®

Frucht: mittelgroß bis groß, gelb/rot, fest, saftig, süßsäuerlich
Pflück- und Genussreife: September bis November
Baum: etwas Schorfbefall, vermutlich mehltaufrei
Sonstiges: Kreuzung 'Telamon'Ⓢ × 'Topaz'®

'Pronto'®

aus der Reihe Malini®

Frucht: mittelgroß, rot, sehr süß
Genussreife: August/September
Baum: tolerant gegen Feuerbrand

'Redcats'Ⓢ

aus der Reihe CATS

Frucht: groß, rot, säurebetont
Genussreife: September/Oktober
Baum: wenig Schorf und Echter Mehltau

ÄPFEL

'Redlane'®

aus der Reihe MiniTrees®

Frucht: mittelgroß, dunkelrot, rotfleischig, säuerlich
Genussreife: September/Oktober
Baum: wenig Schorf
Sonstiges: rosarote Blüte, rotlaubiger Austrieb, sehr dekorativ

'Red River' (Syn. 'Delcoti'®)

aus der Reihe Starline®

Frucht: groß, rot, saftig, süßsäuerlich
Genussreife: September/Oktober
Baum: etwas Schorf und Echter Mehltau
Sonstiges: Mehrere Versuchsansteller loben den guten Geschmack. In Frankreich wird die Sorte unter dem Sortennamen 'Villandry'® angeboten

ÄPFEL

'Red Sensation'® (Syn. Aroma Spur® Rot)

Frucht: groß, breitrund, rot mit gelb, fest, saftig, leicht säuerliches Aroma
Genussreife: Ende September, drei Monate lagerfähig
Baum: mittelstark
Sonstiges: Kreuzung 'Idared' × 'Typ Wijcik'

'Redspring'®

aus der Reihe MiniTrees®

Frucht: mittelgroß, dunkelrot, süß
Pflückreife: Anfang Oktober, lange lagerfähig
Sonstiges: neuere Sorte

'Rhapsodie'ⓢ

Frucht: mittelgroß, gelb/rot, mittelfest, sehr saftig
Genussreife: September bis Dezember
Baum: schorfresistent, wenig Mehltau
Sonstiges: gezüchtet von Vladislav Tupy am Institut für Experimentelle Botanik in Prag-Strížovice (Tschechien)

'Rondo'ⓢ

Frucht: groß, gelb/rot, knackig, saftig, säuerlich, süß, aromatisch
Genussreife: September bis Februar
Baum: schorfresistent, wenig Mehltau
Sonstiges: gezüchtet von Vladislav Tupy (Tschechien). Der Geschmack wird von mehreren Versuchsanstellern besonders gelobt, die Sorte wird als eine der besten Säulenobstsorten gepriesen

'Rumba'ⓢ

Frucht: mittelgroß, gelb/leuchtend rot, fest, saftig, soll besonders aromatisch sein
Genussreife: Oktober bis März
Baum: schorfresistent, wenig Echter Mehltau
Sonstiges: neuere Sorte vom Institut für Experimentelle Botanik in Prag (Tschechien), Kreuzung 'Red Topaz' × 'Rondo'

'Silver Pearl' (Syn. 'Delrovor')

aus der Reihe Starline®
Frucht: sehr klein, gelb/orange, süß, Zierapfel
Genussreife: Die Früchte sind nicht zum Frischverzehr geeignet, können aber weiterverwertet werden.
Baum: Zierapfel, der auch als Pollenspender empfohlen wird

ÄPFEL

'Sonate'®
Frucht: groß, gelb/rot, mittelfest, sehr saftig
Genussreife: September/Oktober
Baum: schorfresistent, wenig Mehltau
Sonstiges: gezüchtet von Vladislav Tupy am Institut für Experimentelle Botanik in Prag-Strížovice (Tschechien)

'Starcats'®
aus der Reihe CATS
Frucht: groß, rot bis gelb/rot, festfleischig
Genussreife: September/Oktober
Baum: mittelstark anfällig für Schorf und Echten Mehltau
Sonstiges: Von mehreren Versuchsanstellern wird der gute Geschmack gelobt

ÄPFEL

'Subito'®
aus der Reihe Malini®
Frucht: mittelgroß bis groß, hellrot, saftig, süß
Genussreife: August

'Summertime' (Syn. 'Delcosu')
aus der Reihe Starline®
Frucht: mittelgroß, dunkelrot, fest, mild-säuerlich
Genussreife: Oktober bis Dezember
Baum: etwas schorfanfällig
Sonstiges: Von mehreren Versuchsanstellern wird der gute Geschmack gelobt. In Frankreich wird die Sorte unter dem Sortennamen 'Vaux-le-Vicomte'® angeboten

'Suncats'®

aus der Reihe CATS

Frucht: groß, verwaschen rot

Genussreife: August/September

Baum: anfällig für Schorf und Echten Mehltau

'Sunlight'®

aus der Reihe MiniTrees®

Frucht: mittel bis groß, rot, süß

Pflückreife: Oktober, lagerfähig

Baum: schorfanfällig

'Topmodel'

aus der Reihe Malini®

Frucht: mittelgroß, dunkelrot mit gelb, ausgeglichenes Zucker-Säure-Verhältnis

Genussreife: Ende September, Lagerung bis Januar

Baum: besonders schlanker Wuchs, wenig Seitenzweige, starkwüchsig

Sonstiges: neuere Sorte

'Waltz'® (Syn. 'Telamon'®)

aus der Reihe Ballerina®

Frucht: mittelgroß, dunkelrot/grün, saftig, süß

Genussreife: Oktober bis Dezember

Baum: schorfanfällig

Andere Säulenobst-Arten

Als Ergänzung zu den Säulenäpfeln werden auch andere Obstarten als Säulenbäume angeboten. Ihre Wuchseigenschaften unterscheiden sich aber grundsätzlich von denen der Säulenäpfel, denn sie bleiben nicht so schlank und müssen stärker geschnitten werden.

Die „unechten“ Säulen

Pflanzen von völlig unterschiedlichen Obstarten werden als Säulenobstbäume angeboten. Je nach Gattung, Art und Sorte unterscheidet sich ihr Wachstum deutlich. Manche Sorten wachsen sehr schlank, die meisten entwickeln aber einen der Art entsprechend völlig normalen Habitus.

Die Suche nach weiteren Säulenobst-Arten

Nachdem die Säulenäpfel auf dem Markt ein großer Erfolg geworden waren, entwickelte sich schnell eine große Nachfrage nach weiteren Obstarten mit Säulenwuchs. Da die besonderen Eigenschaften der Apfelsorte ‚McIntosh Typ Wijcik‘ sich nicht durch Züchtung vom Apfel auf andere Pflanzengattungen übertragen ließen, suchten die Anbieter bei allen Obstarten nach schlank wachsenden Sorten, die sich bei entsprechendem Schnitt zu einem Säulenbaum anziehen ließen. Die Kombination aus dickem Mitteltrieb mit engen Internodien und kaum langen Seitentrieben ist allerdings bei keiner der andern Obstarten zu finden. Im Vergleich zu den Säulenäpfeln, die auf dem ‘McIntosh Typ Wijcik’ beruhen, sind alle anderen Obstsorten keine „echten“ Säulen. Daher ist es fraglich, ob andere Obstarten überhaupt als Säulenobst angeboten werden dürfen, denn die Verbraucher könnten sich durch diese Bezeichnung getäuscht fühlen. Besonders bei Süßkirschen, aber auch Pflaumen und Zwetschgen sind keine Sorten bekannt, die einigermaßen schlank wachsen. Lediglich Birnen, manche Sauerkirschsorten (‘Jachim’Ⓢ, ‘Maynard’), die Pflaumensorte ‘Myrouge’® (=‘Safira‘=‘Ruby‘), die Pfirsichsorte ‘Ellora’Ⓢ und die Nektarine ‘Alice Col’Ⓢ zeigen einen schlanken Wuchs, der allerdings nicht dem der Säulenäpfel entspricht. Denn anders als die Säulenäpfel verzweigen sich diese Sorten stark, ihre Seitentriebe richten sich aber steil nach oben, ähnlich wie bei den bekannten Säulenpappeln.

Zu Säulen geformt

Unter der Rubrik „Andere Säulenobst-Arten“ dieses Buches werden alle Obstarten und -sorten beschrieben, die als „Säulenobst“ angeboten werden, obwohl sie nicht wie die Säulenäpfel auf einer Mutation (bei den Äpfeln von ‘McIntosh Typ Wijcik’) beruhen und daher nicht deren säulenförmige, wenig verzweigte Wuchsform besitzen, sondern mehr oder weniger schlank wachsen.

Die Pflanzen für diese „Säulenobstbäume“ werden in der Baumschule allerdings anders geschnitten als Büsche: Der Mitteltrieb wird länger gelassen, bei Bedarf an einen Stab geheftet und die Seitenzweige stärker zurückgeschnitten.

Besonders problematisch ist es, basitonisch (also von unten) sich verjüngende Strauchobstsorten wie Johannis- oder Stachelbeeren als Säulenobst anzubieten, denn auch wenn sie senkrecht angezogen werden, können sie keine dauerhaften Säulen bilden.

Gelegentlich werden auch „Säulenhimbeeren“ und „Säulenbrombeeren“ angeboten. Da bei dieser Obstart die Ruten sehr kurzlebig sind und im Erwerbsobstbau je nach Sorte jährlich oder alle zwei Jahre über dem Boden abgeschnitten werden, lassen sich daraus keine Säulen formen.

Die Birne 'Decora' wächst von Natur aus schlank, auch ohne Säulenschnitt.

Schnitt

Der Schnitt von Säulenobstbäumen entspricht allgemein dem von senkrechten Schnurbäumen (senkrechten Cordons) beim traditionellen Formobstschnitt – mit langem, geradem Mitteltrieb und kurzen Seitentrieben, die immer wieder gekürzt werden müssen.

Mitteltrieb

Säulenobstbäume bilden in der Regel längere Mittel- und Seitentriebe als die Säulenäpfel, die von 'McIntosh Typ Wijcik' abstammen. Daher müssen Sie den Mitteltrieb bei der Pflanzung und beim späteren Erziehungsschnitt bei Bedarf einkürzen. Damit keine längeren Kahlstellen am Stamm entstehen, sollte er nur etwa 40 cm lang gelassen werden. Um eine gerade Verlängerung des Mitteltriebs zu erreichen, ist es in der Regel nötig, den Neuaustrieb an einen Stab zu heften.

Wenn die Pflanzen ihre gewünschte Größe erreicht haben, 2 m oder mehr, wird der Mitteltrieb nicht mehr verlängert, sondern im Sommer entfernt oder wie Fruchtholz stark eingekürzt. Wegen der Spitzenförderung der Obstbäume wachsen sie im oberen Bereich deutlich stärker als im unteren und müssen dort im Sommer erheblich stärker geschnitten werden.

Seitentriebe

Die neu entstehenden Seitentriebe kürzen Sie im Sommer auf eine Länge von 10–20 cm ein. Johannistriebe, die nach dem Rückschnitt entstehen, kürzen Sie ebenfalls ein oder entfernen sie. Möglichst wird so geschnitten, dass die oberste verbliebene Knospe vom Mitteltrieb wegzeigt (Schnitt auf Außenknospe). Schneiden Sie knapp über der Knospe, sodass kaum Holz darüber stehen bleibt.

Im darauffolgenden Winter kürzen Sie die Seitentriebe weiter auf etwa zwei bis drei Knospen ein. Der Sommer- und der Winterschnitt werden wie beschrieben jedes Jahr wiederholt, Ziel ist es, dass sich in Stammnähe Blütenknospen und Früchte bilden.

Sehr steil wachsende Triebe neben dem Mitteltrieb („Konkurrenztriebe“) entfernt man am besten ganz oder kürzt sie bis auf wenige Millimeter ein.

Schnitttermine

Beim Steinobst sollte der Mitteltrieb (die Terminale) nach der Ernte (bei Kirschen) beziehungsweise im August (bei allen anderen Steinobstarten) geschnitten werden, die Seitentriebe mehrfach von Juni bis September. Bei Bedarf folgt ein Nachschnitt im Februar oder März. Beim Kernobst können stark wachsende Triebe ebenfalls im Sommer entfernt werden, der Hauptschnitt findet aber im Frühjahr statt.

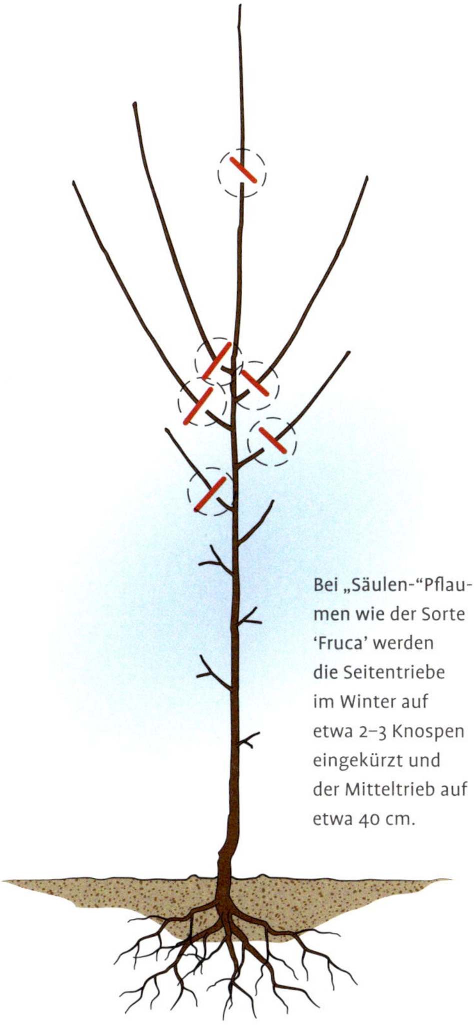

Bei „Säulen-"Pflaumen wie der Sorte 'Fruca' werden die Seitentriebe im Winter auf etwa 2–3 Knospen eingekürzt und der Mitteltrieb auf etwa 40 cm.

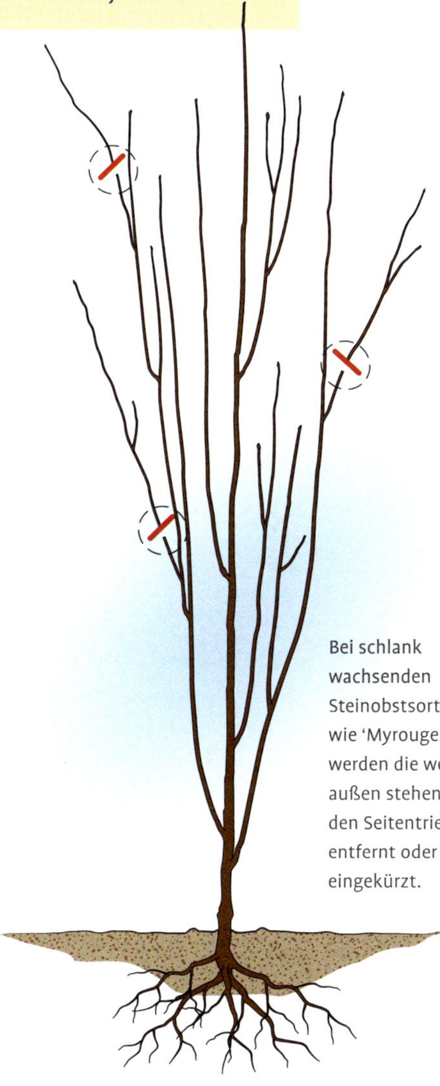

Bei schlank wachsenden Steinobstsorten wie 'Myrouge'® werden die weit außen stehenden Seitentriebe entfernt oder eingekürzt.

Birnen

Die meisten Birnensorten wachsen von Natur aus schlank (siehe Foto Seite 75) und lassen sich relativ einfach säulenförmig ziehen. Daher werden manche Sorten aus dem Standardsortiment wie 'Doyenné du Comice' ('Vereinsdechantsbirne'), 'Conference' oder 'Condo' auch als Säulenbirnen angeboten. Die Sorten mit dem „säulenförmigsten" Wuchs sollen 'Decora' und 'Obelisk'® sein. Säulenbirnen werden auf schwach wachsende Unterlagen wie Quitte A veredelt. Deren Standfestigkeit ist begrenzt, daher ist ein Pfahl sinnvoll.

Auch Zwergbirnen wie 'Garden Gem'®, 'Garden Pearl'® oder 'Myway' werden als Säulenbirnen angeboten. Durch den Zwergwuchs ist ein Schnitt des Mitteltriebes nicht nötig, sondern nur die Seitentriebe werden eingekürzt.

Birnen sind auf Fremdbefruchtung angewiesen, aber wie bei den Säulenäpfeln ist das in den Hausgärten in der Regel kein Problem, da Birnbäume anderer Sorten als Pollenspender meist in der Nähe stehen. Die größten Probleme bei Birnen sind Pilzkrankheiten wie der Birnengitterrost oder in feuchten Lagen auch der Birnenschorf.

Übrigens werden auch Nashi-Birnen aus dem „normal" wachsenden Standardsortiment als Säulen-Nashi angeboten.

'Clairgeau' (Syn. 'Clairgeaus Butterbirne')

Frucht: groß, länglich, grün/gelb, braun berostet, saftig, süß
Genussreife: Oktober/November
Baum: Wuchs kompakt, schlank
Sonstiges: ältere, französische Sorte

'Concorde'®

Frucht: länglich, gelbgrün, etwas berostet, saftig, süß
Genussreife: September/Oktober
Baum: wenig schorf- und krankheitsanfällig, Wuchs kompakt aufrecht
Sonstiges: gezüchtet von Frank Alston in East Malling (England), Kreuzung 'Conference' × 'Doyenné du Comice' ('Vereinsdechants')

'Condo' (Syn. 'Condora')

Frucht: länglich, gelbgrün, kaum berostet, saftig, mild

Genussreife: September/Oktober, lange haltbar

Baum: unempfindlich, Wuchs mittelstark, aufrecht

Sonstiges: 'Condo' wird häufig als Säulenbirne unter dem Namen 'Condora' oder 'Saphira' angeboten

'Decora'

Frucht: mittelgroß, rundlich, rotbackig, süß

Genussreife: September/Oktober, lange haltbar

Baum: resistent gegen Feuerbrand, Wuchs besonders schlank

Sonstiges: gezüchtet am Institut für Pomologie in Holovousy (Tschechien)

'Obelisk'®

Frucht: groß, rundlich eiförmig, grün/gelb, evtl. mit roter Backe, kaum berostet, saftig, süß

Pflückreife: Oktober; Winterbirne

Baum: Wuchs säulenförmig, pyramidal, mittelstark

BIRNEN

Kirschen

Süß- und Sauerkirschen wachsen von Natur aus eher breit. Die Sauerkirschen 'Jachim'^Ⓢ und 'Maynard' sind die einzigen relativ schlank und schmal wachsenden Kirschsorten. Für die übrigen Pflanzen, die als Säulenkirschen angeboten werden, wurden vor allem Sorten ausgewählt, die in Stammnähe Blütenknospen anlegen und dadurch den für Säulenbäume nötigen Fruchtholzschnitt möglichst gut vertragen.

Viele Süßkirschen brauchen Befruchtersorten, Sauerkirschen sind dagegen meist selbstfruchtbar. Die Befruchtung bereitet aber selten Schwierigkeiten. Hauptprobleme sind Blattläuse sowie bakterielle und pilzliche Krankheitserreger an Trieben und Blättern, die zum Absterben der Zweige, zu Blattflecken, Löchern (Schrotschuss) und zum Laubfall führen können. Hinzu kommen Maden (Kirschfruchtfliege, Kirschessigfliege) und Vogelfraß. Früh reifende Sorten werden besonders gern von Vögeln gefressen, aber weniger von Maden befallen, bei späten Sorten ist es umgekehrt.

Die Reifezeit wird in Kirschwochen unterteilt. Die kursierenden Tabellen weichen aber stark voneinander ab, sodass die folgenden Sorten in „früh" (Juni), „mittel" (Juni/Juli) und „spät" (Juli/August) reifende Sorten eingeteilt werden.

KIRSCHEN

'Celeste'® (Syn. 'Sumpaca'^Ⓢ)

Frucht: dunkelrote Süßkirsche
Genussreife: früh/mittelfrüh
Baum: kompakte Süßkirschenkrone, selbstfruchtbar
Sonstiges: Die Sorte wurde vom Pacific Agria Research Centre (Kanada), gezüchtet. 'Celeste'® wurde unter Verstoß gegen den Sortenschutz auch unter dem Namen 'Claudia' angeboten

'Garden Bing'®

Frucht: herzförmige, rote Süßkirsche
Genussreife: früh
Baum: kompaktkronig bis zwergig, selbstfruchtbar, neigt zu Rückschlägen mit starkem Wuchs
Sonstiges: Mutation der Sorte 'Bing', selektiert von Floyd Zaiger (USA). Stark wachsende Zweige (Rückschläge) rechtzeitig entfernen

'Helene' (Syn. 'Helena')

Frucht: große, dunkelrote Süßkirsche
Genussreife: mittel
Baum: mittelstarker, kompakter Wuchs
Sonstiges: vermutlich identisch mit der Sorte 'Skeena'®

'Jachim'Ⓢ

Frucht: mittelgroße, dunkelrote Sauerkirsche mit verhältnismäßig mildem (süßem) Geschmack
Genussreife: mittelspät
Baum: sehr schlanke Krone, selbstfruchtbar
Sonstiges: gezüchtet von Mirko Schuster, Julius Kühn-Institut in Dresden-Pillnitz, Kreuzung 'Koröser' × 'Saphir'

KIRSCHEN

'Jade'Ⓢ

Frucht: große, dunkelrote Sauerkirsche, ausgeglichen süßsauer
Genussreife: mittelspät
Baum: mittelstarker, breiter Wuchs, selbstfruchtbar
Sonstiges: gezüchtet von Mirko Schuster, Julius Kühn-Institut in Dresden-Pillnitz, Kreuzung 'Koröser' × 'Röhrigs Weichsel'

'Maynard'

Frucht: relativ kleine, rote Sauerkirsche mit verhältnismäßig mildem (süßem) Geschmack
Genussreife: mittelspät
Baum: schlank pyramidaler, kompakter Wuchs
Sonstiges: ältere, halbsaure Sorte aus den USA

KIRSCHEN

'Samba'® (Syn. 'Sumste'®)

Frucht: große, dunkelrote Süßkirsche
Genussreife: mittelfrüh
Baum: kompakte Süßkirschenkrone
Sonstiges: Die Sorte wurde 1996 vom Pacific Agria Research Centre in Summerland, British Columbia (Kanada), gezüchtet. 'Samba'® wurde unter Verstoß gegen den Sortenschutz auch unter dem Namen 'Sara' angeboten

'Stella Compact'

Frucht: große, dunkelrote Süßkirsche
Genussreife: mittelspät
Baum: kompakt, selbstfruchtbar
Sonstiges: gezüchtet vom Pacific Agria Research Centre in Summerland, British Columbia (Kanada)

KIRSCHEN

'Sylvia'

Frucht: große, dunkelrote Süßkirsche
Genussreife: mittelspät
Baum: teilselbstfruchtbar, besserer Ertrag mit Pollenspender (z. B. 'Claudia', 'Sara')
Sonstiges: gezüchtet von K. Lapins am Pacific Agria Research Centre in Summerland, British Columbia (Kanada)

'Victoria'

Frucht: große, dunkelrote Süßkirsche
Genussreife: mittelspät
Baum: kompakter Wuchs, selbstfruchtbar

Zwetschgen und Pflaumen

Wie „Säulen"-Süßkirschen bilden auch die „Säulen"-Pflaumen und Zwetschgen von Natur aus normale, breite Kronen. Die Pflanzen werden aber in der Baumschule säulenförmig angezogen und die als Säulenformen angebotenen Pflaumen- und Zwetschgensorten vertragen ähnlich wie die „Säulen"-Süßkirschen verhältnismäßig gut den für die Säulenform nötigen Schnitt auf kurzes Fruchtholz.

Pflaumen, Zwetschgen, Mirabellen und Renekloden sind botanisch sehr eng miteinander verwandt. Pflaumen sind eher früh reif, rund und weich, Zwetschgen dagegen fest, länglich und spät reif. Veredlungsunterlage ist häufig St. Julien A. Pflaumen und Zwetschgen sind in der Regel selbstfruchtbar, brauchen also keine Pollenspender.

Allgemein sind Steinobstsorten recht robust, Hauptproblem ist das Scharkavirus (siehe Seite 32). Daher sollten möglichst scharkatolerante Sorten oder die scharkaresistente 'Jojo'® gepflanzt werden.

Die Sorte 'Myrouge'® besitzt einen schlanken Wuchs ähnlich dem der bekannten Säulenpappeln.

'Anja'
Frucht: mittelgroße, blaue Zwetschge
Genussreife: Anfang September
Baum: scharkatolerant

'Aprimira'®
Frucht: große, orangegelbe, sehr aromatische Mirabelle
Genussreife: August
Baum: scharkatolerant
Sonstiges: Mirabelle aus der Forschungsanstalt Geisenheim, fälschlich als Hybride mit Aprikose (auch unter anderen Namen wie 'Miracose') angeboten

'Cacaks Fruchtbare' (Syn. 'Cacanska rodna')
Frucht: mittelgroße, länglich-eiförmige blaue Zwetschge, sehr reichtragend
Genussreife: Ende August/Anfang September. Saftig, gutes Aroma, gut steinlösend
Baum: mittelstark, pyramidale Krone
Sonstiges: Wird als Säulenbaum unter den Namen 'Fruca', 'Liane' und 'Topcol' verkauft

'Jojo'®
Frucht: mittelgroße, blaue, festfleischige Zwetschge
Genussreife: mittelspät bis spät
Baum: gesund, besonders scharkatolerant bzw. scharkaresistent
Sonstiges: gezüchtet von Walter Hartmann, Universität Stuttgart-Hohenheim

‘Myrouge’® (Syn. ‘Ruby’, ‘Ruby Columnar’, ‘Safira’)

Frucht: groß, rötlich, rundlich, gut steinlösend, sehr aromatisch
Genussreife: Anfang August
Baum: selbstfruchtbar, schlanker Wuchs
Sonstiges: Züchtung der Kirschpflaume (Prunus cerasifera) aus der Ukraine

‘Skyscraper’

Frucht: mittelgroße, blaue Pflaume
Genussreife: Ende Juli/August
Baum: schlank, aber sehr langtriebig
Sonstiges: gehört zur „Fruttini®“-Reihe der Baumschule Lubera®

‘Sunscraper’

Frucht: sehr groß, gelborange, saftig
Genussreife: Mitte bis Ende September
Baum: schlank
Sonstiges: gehört zur „Fruttini®“-Reihe der Baumschule Lubera® , Sorte aus der Gruppe der Chinesischen Pflaumen (Prunus salicina)

‘Top’Ⓢ

Frucht: ovale, blaue Zwetschge, sehr aromatisch, gut steinlösend
Genussreife: sehr spät, September/Oktober
Baum: mittelstark bis starkwüchsig, Scharka-Fruchttoleranz
Sonstiges: Die Sorte ‘Top’ wird als Säulenbaum unter den Namen ‘Imperial’ und ‘Pruntop’ angeboten

PFLAUMEN

Pfirsiche, Nektarinen und Aprikosen

Pfirsiche sind wärmeliebende Gehölze mit auffallenden rosa Blüten, attraktiven länglichen Blättern und delikaten Früchten. Nektarinen sind, anders als manchmal vermutet, keine Kreuzungen aus Pflaume und Pfirsich („Pflausich"), sondern eine Mutation des Pfirsichs, bei der die Schale glatt ist. Je nach Sorte ist der Geschmack von Nektarinen oft etwas erfrischender als der von Pfirsichen, und die Pflanzen sind etwas wärmebedürftiger und empfindlicher.

Die eng mit den Pfirsichen verwandten Aprikosenbäume dagegen sehen völlig anders aus: Sie blühen weiß, haben ovale Blätter und kleinere, orangefarbene Früchte mit arttypischem Aroma.

Wie bei den Kirschen und Pflaumen wachsen die meisten Sorten dieser Gruppe, die als Säulen angeboten werden, von Natur aus normalerweise breitkronig. Nur die Nektarinensorten 'Alice Col'® und die Pfirsichsorte 'Ellora'® besitzen einen außergewöhnlich schlanken Wuchs mit steil aufrecht wachsenden Seitentrieben.

Pfirsiche, Nektarinen und Aprikosen sind selbstfruchtbar, brauchen also keine Pollenspender.

Pfirsiche und Nektarinen sind sehr empfindlich gegen die Kräuselkrankheit und verschiedene Erreger des Triebsterbens sowie zum Teil gegen Fröste. Wer seine Säulenpfirsiche nicht gegen Kräuselkrankheit (siehe Seite 35) spritzen will, sollte bei der Wahl seiner Sorte mehr auf die Widerstandskraft als auf die Wuchsform achten sowie möglichst einen vor Regen geschützten Standort wählen. Auch Aprikosen können von der Kräuselkrankheit befallen werden, sind aber nicht so empfindlich wie Pfirsich- und Nektarinenbäume.

Bei Aprikosen sind Frostschäden an den sehr früh erscheinenden Blüten ein großes Problem sowie Triebsterben in feuchtem, regnerischem Klima. Auch sie sind daher dankbar für einen Standort, der vor Regen und Spätfrösten geschützt ist, zum Beispiel an einer Hauswand.

Da Pfirsich-, Nektarinen- und Aprikosenbäume im kühlen, feuchten Klima recht empfindlich sind, vertragen sie die für den Säulenaufbau erforderlichen regelmäßigen Schnittmaßnahmen nicht so gut wie Kernobstbäume oder Pflaumen, zeigen häufig Schadsymptome wie Triebsterben oder Harzfluss und sterben manchmal schon nach wenigen Jahren ab oder werden zumindest unansehnlich. Diese Probleme hängen aber stark mit der Eignung des Standorts und der Widerstandsfähigkeit der verwendeten Sorte ab.

'Alice Col'Ⓢ

Frucht: mittelgroße Nektarine, gut steinlösend
Genussreife: August
Baum: sehr schlank, mittelstark, straff aufrecht
Sonstiges: gezüchtet von Alessandro Liverani und Daniela Giovannini, Institut CRA in Forlí (Italien)

'Ellora'Ⓢ (Syn. FRF 1500)

Frucht: mittelgroß, rund, rotschalig, fest, steinlösend, weißfleischig. Geschmack leicht säuerlich
Genussreife: Ende Juli
Baum: mittelstarker, säulenförmiger Wuchs. Ertrag hoch, Ausdünnung empfohlen
Sonstiges: Neuheit 2023 (Artevos). Gezüchtet in Forlí (Italien), benannt nach den indischen Ellora-Höhlen

'Armi Col'® (Syn. 'Armi-Col')

Frucht: orangerote Aprikose, gelb/hellorange mit roter Backe
Genussreife: Juli
Baum: aufrecht wachsend, aber kein Säulenwuchs

'Somo'

Frucht: kleine, orangerote Aprikose
Genussreife: August
Baum: kugelige Krone
Sonstiges: polnische Sorte aus Skierniewice, die sehr frosthart und widerstandsfähig sein soll

Zwergobst

Kleinkronige, schwach wachsende Obstsorten, die unter dem Sammelbegriff Zwergobst zusammengefasst werden, eignen sich besonders gut für kleine Gärten oder die Bepflanzung von Töpfen und Kübeln. Auch in dieser Gruppe gibt es sehr unterschiedliche Sorten.

Was ist Zwergobst?

Mit dem Begriff Zwergobst können unterschiedliche Gruppen von Obstbäumen gemeint sein: Bäume, die auf schwach wachsende Unterlagen veredelt sind, oder auch Bäume, die zu Sorten gehören, die genetisch bedingt schwach wachsen.

Zwerg ist nicht gleich Zwerg

Der Begriff Zwergobst ist mehrdeutig: Früher bezeichnete man damit vor allem Apfel- und Birnbäume, die auf schwach wachsende Unterlagen veredelt waren und dann nicht zu den großen Hochstämmen gezogen wurden, sondern zu Buschbäumen, Spindelformen und Spalierobst. Solche Pflanzen bildeten meist 2–4 m hohe Kronen.

Im folgenden Text geht es aber nicht um diese Gruppe, sondern um so genannte „genetische Zwerge", deren schwacher Wuchs nicht durch Veredlungsunterlagen bestimmt ist, sondern durch eine genetisch festgelegte Sorteneigenschaft. Ähnlich wie die beschriebene Mutation beim Säulenapfel 'McIntosh Typ Wijcik' treten auch bei anderen Gehölzen laufend zufällige Mutationen auf, von denen manche zu Zwergwuchs führen. Bei Ziergehölzen werden solche Zwergformen schon seit langer Zeit auf ihren Wert geprüft und, wenn sie geeignet sind, für die Nutzung im Ziergarten vermehrt. Im Obstbau blieben sie dagegen meist unbeachtet oder wurden, wenn sie in gezielten Züchtungsprogrammen auftraten, als wertlos verworfen. In den letzten Jahrzehnten wurde den Züchtern aber mehr und mehr der kommerzielle Wert solcher genetischer Zwerge bewusst, sodass sie sie genauer prüften und manche von ihnen für die Vermarktung vermehren. Denn viele der genetischen Zwerge besitzen einen sehr hohen Zierwert und eigenen sich besonders gut für die Kultur in kleinen Gärten sowie in Kübeln.

Allerdings ist „genetischer Zwerg" nicht gleich „genetischer Zwerg". Es gibt Zwergsorten, die nach 20 Jahren nur etwa 1,50 m hoch und breit sind, und andere, eher als kompakt wachsend zu bezeichnende Sorten, bei denen der Unterschied zu den Standardsorten nicht so groß ist, sondern die doppelt so stark wie die „richtigen" Zwergsorten wachsen. Im folgenden Text wird daher unterschieden zwischen „Zwergsorten", die in der Regel weniger als halb so stark wie die „normalen" Sorten wachsen, und „kompakten Sorten", die oft nur etwa ein Drittel schwächer wachsen.

Bei manchen Zwergsorten sind die Triebe sehr dick und bizarr geformt, bei anderen ähnlich denen der „normalen" Sorten oder etwas dünner. Manche Zwergsorten sind sehr robust und widerstandsfähig, andere empfindlich gegen bestimmte Krankheitserreger. Außerdem spielt natürlich auch bei den genetischen Zwergen die Veredlungsunterlage eine wichtige Rolle: Je schwächer sie wächst, desto kleiner bleibt der Zwerg. Damit die Pflanzen langlebig sind und ausreichend treiben, werden bei vielen Zwergsorten übrigens durchaus stark wachsende Unterlagen verwendet.

Darüber hinaus werden auch immer wieder normal wachsende Sorten auf schwach wachsenden Unterlagen als „Zwerge" angeboten. Das kann leicht zu Missverständnissen führen. Allerdings ist das vom Verwendungszweck her nicht unbedingt falsch, denn eine normal wachsende Sorte auf einer schwachen Unterlage kann genauso oder sogar noch schwächer wachsen als eine „Zwerg"-Sorte auf mittelstarker oder starker Unterlage.

Und auch durch die Kultur in Töpfen oder Kübeln und die damit verbundene Begrenzung des Wurzelraumes können stark wachsende Pflanzen ähnlich wie Bonsai zu Zwergwuchs gezwungen werden.

Die Befruchtungsverhältnisse und die Krankheitsempfindlichkeit der Zwergsorten sind in den Kapiteln der einzelnen Säulenobstsorten beschrieben.

Schnitt

Zwergobstbäume werden in der Regel beim Schnitt nur etwas ausgelichtet, um die Fruchtqualität zu verbessern. Wenn ihre Zweige zu vergreisen beginnen, können die Bäume aber auch durch einen kräftigen Rückschnitt wieder zum Wachstum angeregt werden.

Auslichten oder Zurückschneiden?

Der Schnitt erfolgt bei Zwergobstbäumen weniger, um sie klein zu halten – denn das ist selten nötig –, sondern eher, um ihr Triebwachstum anzuregen.

Im Frühjahr vor dem Austrieb werden zu dicht stehende Triebe, kranke Zweige und altes Fruchtholz entfernt, damit neu gebildete Triebe Raum bekommen. Um Pilzkrankheiten weniger Infektionsmöglichkeiten zu bieten, die Fruchtqualität durch bessere Belichtung zu verbessern und später das Pflücken zu erleichtern, wird die Krone durch den Schnitt deutlich aufgelockert. Je schwächer ein Zwergobstbaum wächst und je mehr er vergreist, desto stärker sollte im Frühjahr geschnitten werden. Als Faustzahl kann gelten, dass etwa ein Drittel der Triebe entfernt wird.

Wenn eine Pflanze deutliche Vergreisungserscheinungen zeigt, kann auch ein starker Rückschnitt vor dem Austrieb sinnvoll sein, bei dem die Pflanze auf das Grundgerüst ihrer Hauptäste eingekürzt wird.

Ein Sommerschnitt, der das Pflanzenwachstum schwächt, ist daher selten sinnvoll, sondern die Pflanzen werden meist im Frühjahr vor dem Austrieb geschnitten. Bei sehr starkem und dichtem Wachstum kann es allerdings in Ausnahmefällen auch bei Zwergobstbäumen sinnvoll sein, im Sommer einen Teil der zu dicht stehenden Zweige zu entfernen.

Wenn Zwergobstbäume zu vergreisen beginnen, können die längsten Triebe etwas eingekürzt und die Seitentriebe ausgedünnt werden.

Das Vergreisen vermeiden

Als Vergreisen wird der Vorgang bezeichnet, wenn eine Pflanze immer weniger junge Triebe bildet, dafür aber immer mehr Blüten und Früchte. Am Ende dieses Vorgangs kann sie absterben. Das Vergreisen wird gefördert durch Trockenheit (z. B. zu kleine Töpfe), Nährstoffmangel und steigendes Pflanzenalter. Durch bedarfsgerechte Wasser- und Nährstoffversorgung sowie fachgerechte Schnittmaßnahmen können Sie der Vergreisung entgegenwirken.

Zwergäpfel

Das Sortiment an Zwergäpfeln ist sehr breit, ihre Formenvielfalt auch. Denn sie haben sehr unterschiedliche Ursprünge. Manche wie 'Cactus'Ⓢ oder 'Croquella'® entstammen den Züchtungsreihen mit 'McIntosh Typ Wijcik' und haben entsprechend dicke Triebe, verzweigen sich aber stärker als die Säulenäpfel. Die übrigen Sorten bilden eher dünne, feine Triebe mit engen Internodien. Aber die Zwerge dürfen nicht unterschätzt werden, manche können innerhalb von 10 bis 20 Jahren durchaus Kronen von 2 m Höhe und Durchmesser erreichen.

Gelegentlich werden auch Spur-Typen wie 'Red Spur Delicious' als Zwergäpfel angeboten, siehe Seite 96.

CRONY®-Bäume der Baumschule Häberli® in der Schweiz sind normal wachsende Sorten aus dem Standardsortiment, die auf die extrem schwache Unterlage M 27® veredelt werden und dadurch einen sehr schwachen Wuchs zeigen.

'Billy'® (Syn. 'Billy The Kid')

Frucht: mittelgroß, rot/gelb, geschmacklich zwischen 'Lilly'® und 'Sally'®
Genussreife: September, lagerbar bis November
Baum: aufrechter Zwergwuchs, evtl. auch als Säulenapfel verwendbar
Sonstiges: gezüchtet von der Baumschule Lubera® aus der „Maloni®"-Reihe

'Cactus'Ⓢ

Frucht: mittelgroß bis groß, grün/gelb
Genussreife: September bis Dezember
Baum: kompakt bis zwergig, dicktriebig wie 'Typ Wijcik', aber stärker verzweigt (kaktusförmiger Wuchs), schorffrei
Sonstiges: gezüchtet von Vladislav Tupy am Institut für Experimentelle Botanik in Prag (Tschechien), als Abkömmling von 'Typ Wijcik', Kreuzung 'Topaz'® × 'Tuscan'Ⓢ

'Croquella'® (Syn. 'Delgrina'®)

Frucht: mittelgroß, orangerot/gelb
Genussreife: September/Oktober
Baum: kompakt, dicktriebig wie 'McIntosh Typ Wijcik', aber stärker verzweigt, wenig Schorf

'Gullivers'®

Frucht: klein bis mittelgroß, rot/gelb
Genussreife: Mitte bis Ende September
Baum: extremer Zwergwuchs, Höhe bis etwa 1 m
Sonstiges: gezüchtet von der Baumschule Lubera® aus der „Lowfruit®"-Reihe

ZWERGÄPFEL

'Lilly'®

Frucht: mittelgroß, gelb/streifig rosarot, sehr süß
Genussreife: September, lagerbar bis Januar
Baum: etwas kleiner und aufrechter als 'Sally'®, schorffrei
Sonstiges: gezüchtet von der Baumschule Lubera® aus der „Maloni®"-Reihe

'Mini Cox'® (Syn. 'Coxdwarf'®)

Frucht: mittelgroß, rot
Genussreife: September/Oktober
Baum: kompakter, und für eine Zwergsorte relativ kräftiger Wuchs, stark verzweigt, schorffrei, aber anfällig für Echten Mehltau
Sonstiges: gezüchtet von Barbara Dathe, Dresden-Pillnitz

‘Pidi’Ⓢ (Syn. ‘Merlin’®)

Frucht: mittelgroß, gelb/rot
Genussreife: Oktober bis Dezember
Baum: säulenförmiger Zwergwuchs
Sonstiges: gezüchtet am Institut für Pomologie in Holovousy (Tschechien), Kreuzung ‘Britemac’ × ‘Prima’

‘Sally’®

Frucht: klein bis mittelgroß, rot, mehr Säure als ‘Lilly’®
Genussreife: September, lagerbar bis März
Baum: schwacher, lockerer, breiter Wuchs, schorffrei
Sonstiges: gezüchtet von der Baumschule Lubera® aus der „Maloni®“-Reihe

‘Super Compact’ (Syn. ‘Super Compact James Grieve’®)

Frucht: mittelgroß bis groß, rund, Aussehen und Geschmack wie ‘James Grieve’
Genussreife: August/September bis Oktober
Baum: sehr kompakter, schlanker Wuchs
Sonstiges: gezüchtet vom Institut für Pomologie in Holovousy (Tschechien), Mutation aus ‘James Grieve’

‘Winzling’®

aus der Reihe Maloni®

Frucht: klein bis mittelgroß, hellrot bis pink, knackig, saftig, säuerlich
Genussreife: Mitte September bis Oktober, lagerbar bis Weihnachten
Baum: nur 1,20–1,30 m hoch, locker
Sonstiges: Züchtung von der Baumschule Lubera

Spur-Typen

Spur-Typen (engl. *spur* = Spore, kurzer Fruchtspieß) sind kompakt wachsende Apfelsorten, die reichlich kurzes Fruchtholz ansetzen. Es handelt sich hierbei um Mutationen, die an Kultursorten aufgetreten sind und ähnliche Fruchteigenschaften besitzen wie die Ausgangssorten, an denen sie entstanden sind.

Die Spur-Typen sind nicht mit dem 'McIntosh Typ Wijcik' verwandt und besitzen daher auch nicht den charakteristischen Wuchs der Säulenäpfel mit dem dicken Mitteltrieb, engen Internodien und fast ohne lange Seitentriebe. Sie sind daher auch nicht mit den „echten Säulenäpfeln" gleichzusetzen. Trotzdem werden sie gelegentlich als Säulenäpfel angeboten und können mit entsprechend hohem Schnittaufwand natürlich auch säulenförmig gezogen werden. Der Schnitt zur Säulenform erfolgt allerdings nicht wie der von Abkömmlingen des 'McIntosh Typ Wijcik', sondern wie der von Birnbäumen.

ZWERGÄPFEL

'Coxcolumnar'®
(Syn. 'Columnaria', 'Coxcolumnaria'ⓢ)

Frucht: klein bis mittelgroß, rot, soll ähnlich gut wie 'Cox Orangenrenette' schmecken
Genussreife: August/September
Baum: kompakt, schlank, etwas Schorf
Sonstiges: gezüchtet von Barbara Dathe in Dresden-Pillnitz. Die Sorte wird gelegentlich als Säulenapfel angeboten, ist aber nicht damit vergleichbar

'Spurkoop'®

Frucht: grünlichgelb mit roter Deckfarbe, säuerlich, wie 'Roter Boskoop'
Genussreife: ab Ende Oktober bis Dezember
Baum: kompakt, schlank
Sonstiges: Knospenmutation von 'Roter Boskoop', ausgelesen von Jean Tellier, Pépinières du Valois (Frankreich). Die Mutation ist nicht mehr stabil und neigt zu Rückschlägen mit starkem Wuchs

Zwergbirnen

Die Zwergbirnensorten sind in der Regel sehr dicktriebig, ähnlich wie die Zwergapfelsorten 'Cactus'® oder 'Croquella'®. Diese Birnensorten erinnern zwar an die Mutation von 'McIntosh Typ Wijcik', stammen aber natürlich nicht von diesem Apfel ab. Der Ursprung zumindest eines Teils dieser dicktriebigen Sorten liegt vielmehr in der alten französischen Sorte 'Nain Vert' (frz. grüner Zwerg), die auch als *poire à bois monstrueux* (frz. Birne mit monströsen Zweigen) bezeichnet wurde. Der Zwergwuchs soll an ein Drittel der aus den Samen entstehenden Nachkommen weitervererbt werden.

Als Veredlungsunterlage werden von manchen Baumschulen Birnen-Sämlinge und von anderen Quitte A verwendet.

'Garden Gem'® (Syn. 'Pyred'®)

Frucht: groß, rotbraun, saftig, süß
Genussreife: Ende September
Baum: zwergig, dicktriebig, rötliche Triebspitzen
Sonstiges: gezüchtet vom Institut INRA (Frankreich). Vermutlich identisch mit 'Dr. Joaquina'

'Garden Pearl'® (Syn. 'Pyvert'®)

Frucht: groß, rundlich, grün, schmelzend weich, süß
Genussreife: September/Oktober
Baum: zwergig, dicktriebig, grünliche Triebspitzen
Sonstiges: gezüchtet vom Institut INRA (Frankreich)

'Joy of Kent'®

Frucht: klein bis mittelgroß, grün, braun berostet, knackig süß
Genussreife: September/Oktober
Baum: zwergig, dicktriebig, breiterer Wuchs als 'Little Sweetie'®
Sonstiges: gezüchtet von Frank Alston, Versuchsstation East Malling (England), aus 'Nain Vert'. Eingeführt von der Baumschule Lubera® unter der Reihe „Pironi®"

'Little Queen'

Frucht: bronzegrün, saftig schmelzend
Genussreife: Ende September/Oktober
Baum: zwergig, dicktriebig
Sonstiges: aus der Reihe „Obstzwerge®", auch unter dem Namen 'Luisa' angeboten

ZWERGBIRNEN

'Little Sweetie'®

Frucht: klein bis mittelgroß, grün bis gelbbronzegrün, schmelzend
Genussreife: September/Oktober
Baum: zwergig, dicktriebig
Sonstiges: gezüchtet von Frank Alston, Versuchsstation East Malling (England), aus 'Nain Vert'. Eingeführt von der Baumschule Lubera® unter der Reihe „Pironi®"

'Myway'®

Frucht: mittelgroß, länglich bis rundlich, gelb, saftig, süß
Genussreife: September/Oktober, lange haltbar
Baum: Zwergsorte mit dickem Trieb und etwas stärkerer Spitzenförderung als die „Pironi®"-Zwergbirnensorten
Sonstiges: gezüchtet von Frank Alston aus der Zwergsorte 'Nain Vert'

Kirschen und Pflaumen

Kompakt wachsende **Süßkirschsorten** wie 'Garden Bing'® oder 'Stella Compact' werden zwar als Zwergobstsorten angeboten und von Natur aus ist deren Wachstum auch etwas kompakter als das der Standardsorten, aber es ist nicht so schwach wie das der Zwergpfirsiche oder -birnen. Daher sind schwach wachsende Veredlungsunterlagen wie GiSelA® 3Ⓢ eine Voraussetzung für zwergigen Wuchs bei Süßkirschen. Diese Sorten sind im Kapitel Säulenobst auf Seite 80 beschrieben.

Viele **Sauerkirschsorten** wie die bekannte 'Schattenmorelle' oder ihr Abkömmling 'Scharö' besitzen von Natur aus einen relativ kompakten Wuchs. Wie bei Süßkirschen werden auch viele normal wachsende Sauerkirschsorten unter Verwendung sehr schwach wachsender Unterlagen als Zwergbäume angeboten. Sauerkirschen sind selbstfruchtbar, brauchen also keine Pollenspender.

Bei der Gruppe der **Pflaumen** sind keine Sorten mit so deutlich ausgeprägtem Zwergwuchs wie bei Pfirsichen auf dem Markt. Die gelbe **Reneklode** 'Goldust' und die blaue **Zwetschge** ‚Blue Dust' sind die einzigen Sorten mit genetisch bedingtem kompaktem Wuchs, aber häufig werden normal wachsende Sorten wie 'Jojo'Ⓢ auf schwach wachsender Veredlungsunterlage als Zwergpflaumen angeboten.

'Cinderella'®

Frucht: hellrote Sauerkirsche mit mildem Geschmack
Genussreife: Mitte/Ende Juli, mittelspät
Baum: kompaktkronig, mit schlankem Wuchs

'Coralin'Ⓢ

Frucht: dunkelrote Sauerkirsche
Genussreife: Mitte Juli / Anfang August
Baum: Wuchs aufrecht, mittelstark mit guter Verzweigung, soll tolerant gegen Blattkrankheiten sein
Sonstiges: Neuzüchtung vom Julius Kühn-Institut in Dresden-Pillnitz

ZWERGKIRSCHEN

'Griotella'® (Syn. 'Frumi')

Frucht: mittelgroße Sauerkirsche
Genussreife: Mitte/Ende Juli, mittelspät
Baum: kompaktkronig mit lockerem Wuchs, dünne, hängende Zweige
Sonstiges: gezüchtet vom Institute of Ontario (Kanada)

'Little Mailot'

Frucht: kleine, aromatische, dunkelrote Sauerkirsche
Genussreife: Juli/August
Baum: kompaktkronig, aufrecht wachsend, eiförmige Krone
Sonstiges: 'Piemont' und 'Morellino' sollen identisch mit 'Little Mailot' sein

RENEKLODE/ZWETSCHGE

'Goldust'® (Syn. 'Courod'®)

Frucht: mittelgroße, gelbe Reneklode mit roter Backe, gut steinlösend
Genussreife: August/September
Baum: kompakt wachsender Baum mit weißen Blüten
Sonstiges: gefunden von Gilbert Cours-Darne in La Romieu (Frankreich)

'Blue Dust'® (Syn. 'Dwarf'®)

Frucht: mittelgroße blaue, stark bereifte Zwetschge, Fruchtfleisch grünlich gelb, mittelfest, saftig, gut steinlösend, aromatisch
Genussreife: Mitte August
Baum: sehr schwacher Wuchs, rund-eiförmige Krone, maximal 1,0–1,50 m hoch
Sonstiges: Herkunft VSUO Holovousy, Kreuzung 'Ashatan' × 'Cacak's Beste'

Zwergpfirsiche und -nektarinen

Zwergpfirsiche und Zwergnektarinen sind feintriebig und haben besonders kurze Internodien, die Knospen sitzen also sehr eng beieinander. Sie stammen von einem chinesischen Zwerg-Zierpfirsich ab, der von US-amerikanischen Züchtern, darunter Floyd Zaiger, seit den 1950er-Jahren zur Züchtung eingesetzt wurde. Die amerikanischen Sorten dominieren den Markt, aber auch in Italien ('Calipso', 'Circe', 'Didone') und Rumänien wurden breite Sortimente gezüchtet.

Leider herrscht bei der Sortenbenennung ziemliche Verwirrung, sodass viele der verkauften Pflanzen, wenn sie überhaupt ein Sortenetikett tragen, nicht sortenecht sind. Die meisten Zwergnektarinen in Europa gehören zur Sorte 'Silver Prolific', auch wenn sie als 'Nectarella', 'Nectarina', 'Didone' oder mit anderen Namen etikettiert sind. Bei den Zwergpfirsichen werden sehr unterschiedliche Sorten verkauft, aber leider stimmt auch hier die Etikettierung häufig nicht. Früh reifende Sorten wie 'Bonanza' liefern sehr gute, leckere Früchte, aber manche anderen Sorten reifen so spät, dass sie nicht genießbar sind.

Alle Sorten setzen meistens so reich Früchte an, dass sie ausgedünnt werden müssen, damit sie eine akzeptable Größe und Qualität erreichen. Zu dicht stehende Fruchtansätze sollten daher entfernt werden, sodass nur alle handbreit eine Frucht stehen bleibt.

Zwergpfirsiche und Zwergnektarinen sind mit ihren leuchtend rosafarbenen, bei manchen Sorten auch halbgefüllten Blüten, und den schmalen Blättern äußerst dekorativ, allerdings auch besonders empfindlich gegen die Kräuselkrankheit und Monilia. Dagegen müssen unbedingt Maßnahmen ergriffen werden, sonst sterben die Pflanzen innerhalb weniger Jahre ab. Wenn es möglich ist (zum Beispiel bei Pflanzen in Kübeln), sollten die Zweige der Pflanzen im Winter und Frühjahr absolut trocken gehalten werden, ansonsten sind Fungizidspritzungen nötig (siehe Seite 35).

Pfirsiche und Nektarinen sind fast alle selbstfruchtbar, sodass sie keine Pollenspender brauchen. Sie werden in der Regel auf Pflaumenunterlagen wie 'Brompton' veredelt, in Südeuropa zum Teil auch auf Pfirsichsämlinge oder auf Mandelhybriden.

Die „Balkon"-Pfirsiche und -Nektarinen der „Fruit Me®"-Reihe sind übrigens keine zwergig wachsenden Sorten mit engen Internodien, sondern welche mit normalem Wachstum, auch wenn vom Anbieter nur eine Höhe von 80–100 cm angegeben wird. Lediglich die Kultur im Kübel kann ihr Wachstum begrenzen.

ZWERGAPRIKOSEN

'Compacta'® (Syn. 'Super Compact', 'Apricompact')
Frucht: mittelgroße Aprikose
Genussreife: Mitte Juli/Anfang August
Baum: kompakt wachsend, deutlich stärker als 'Aprigold'
Sonstiges: gezüchtet am Pomologischen Institut in Holovousy

'Garden Aprigold'® (Syn. ‚Aprigold'®, ‚Zwerg'Ⓢ)
Frucht: kleine bis mittelgroße Aprikose
Genussreife: Mitte Juli/Anfang August
Baum: Zwergsorte
Sonstiges: Züchtung von Floyd Zaiger

ZWERGPFIRSICHE

'Amber'® (Syn. 'Pix Zee'Ⓢ)
Blüte: rosa, ungefüllt
Frucht: gelbfleischiger Pfirsich, besonders aromatisch, haftet etwas am Stein
Genussreife: Mitte August
Baum: Zwergsorte
Sonstiges: Kreuzung aus Zwergnektarine und Pfirsich von Zaiger's Genetics

'Bonanza'
Blüte: rosa,halbgefüllt (10–14 Petale)
Frucht: gelbfleischiger Pfirsich, aromatisch, saftig, steinlösend
Genussreife: früh (Ende Juli/Anfang August)
Baum: Zwergsorte
Sonstiges: gezüchtet 1963 von David Armstrong. Häufig werden andere, ungefüllt blühende Sorten als 'Bonanza' verkauft

'Bonanza II'
Blüte: rosa, meist ungefüllt (5–8 Petale)
Frucht: gelbfleischiger Pfirsich, steinlösend, fest, saftig, aromatisch
Genussreife: Anfang/Mitte August
Baum: Zwergsorte
Sonstiges: 1979 eingeführt, gezüchtet von Jack E. Christensen und Arnold W. Ellis

'Crimson'® (Syn. 'Bonfire'^S)
Blüte: rosa, ungefüllt
Frucht: mittelgroßer, runzeliger, weißfleischiger Pfirsich, steinlösend, säuerlich, wenig Aroma
Genussreife: Ende September/Anfang Oktober.
Baum: rotlaubige Zwergsorte
Sonstiges: Züchter: Universität Arkansas, auch als 'Roter Zwerg' angeboten

'Diamond'® (Syn. 'Zaipevi'Ⓢ)
Blüte: rosa, ungefüllt
Frucht: weißfleischiger Pfirsich. Frucht mittelgroß, hellgelb/rosarot. Steinlösend, besonders aromatisch
Genussreife: Mitte/Ende August
Baum: Zwergsorte
Sonstiges: Züchter: Floyd Zaiger

'Garden Beauty'
Blüte: rosarot, halbgefüllt (ca. 20 Petale)
Frucht: kleine, gelbfleischige Nektarine mit wenig Aroma
Genussreife: Ende August
Baum: Zwergsorte
Sonstiges: Züchter: Floyd Zaiger. Oft wird 'Silver Prolific' als 'Garden Beauty' verkauft

'Nectarella' (Syn. 'Zaidulab', 'Balkonella', 'Redgold')

Blüte: rosa,ungefüllt
Frucht: große, gelbfleischige Nektarine, sehr süß, haftet etwas am Stein
Genussreife: Ende August/Anfang September
Baum: Zwergsorte
Sonstiges: Züchter: Floyd Zaiger. Oft wird 'Silver Prolific' als 'Nectarella' verkauft

'Rubis'® (Syn. 'Necta Zee'©)

Blüte: rosa,ungefüllt
Frucht: gelbfleischige Nektarine, mittelgroß, saftig, nicht steinlösend, besonders aromatisch
Genussreife: Anfang bis Mitte August
Baum: Zwergsorte
Sonstiges: Züchter: Floyd Zaiger

ZWERGNEKTARINEN

'Silver Prolific'

Blüte: rosa,ungefüllt, relativ groß und reich
Frucht: mittelgroß, weißfleischig, aromatisch, neigt zum Reißen
Genussreife: September
Baum: Zwergsorte
Sonstiges: eingeführt 1963 von Anderson/L.E.Cooke. Verkauft meist als 'Didone', 'Nectarella', 'Nectapersica', 'Small Sunning' oder ohne Sortenetikett

'Garden Prince'

Frucht: Mandel
Genussreife: ab Ende Oktober
Baum: sehr frühe, große zartrosa Blüte (Februar/März), kompakter Wuchs
Sonstiges: Züchtung von Floyd Zaiger, U.S.A., 1983 aus Kreuzung von Zwergpfirsich und Mandel

Zwergige Brom- und Himbeeren

Die Gattung *Rubus* umfasst über 200 Arten, die meist als Brom- oder Himbeeren bezeichnet werden und sich oft untereinander leicht kreuzen lassen. Die bei uns verbreiteten Fruchtsorten eignen sich zwar alle zum Anbau im Kübel, können aber sehr lange Ruten bilden, bei Brombeeren (*Rubus fruticosus*) bis etwa 4 m lang und bei Himbeeren (*Rubus idaeus*) etwa 1,50–2 m lang. Für die Kultur in Kübeln werden daher neuerdings kompakte und zwergig wachsende Sorten angeboten.

Jährlich bilden die Pflanzen neue Ruten aus der Basis. Viele Sorten von Brom- und Himbeeren blühen an den sogenannten zweijährigen Ruten aus dem Vorjahr („Sommerhimbeeren“). Beim Schnitt werden hier nur die abgetragenen Ruten entfernt, an denen schon Früchte gehangen haben. Die „vorjährigen“ Ruten, die im letzten Sommer gewachsenen sind und noch nicht geblüht haben, bleiben alle stehen, oder wenn sie zu dicht sind, wird ein Teil von ihnen entfernt. In einem 20-Liter Topf können etwa 3–5 Ruten stehen bleiben.

Manche Sorten blühen und fruchten aber auch an den neu gebildeten Ruten („Herbsthimbeeren“, zweimal tragende Sorten). Solche Sorten gibt es bei Himbeeren schon seit 1970 und bei Brombeeren seit einigen Jahren (University of Arkansas). Bei diesen Sorten können im Frühjahr alle Ruten bis auf Bodenhöhe abgeschnitten werden. Lässt man sie stehen und entfernt nur die abgetragenen Ruten, die schon gefruchtet haben, blühen sie zweimal, zuerst die Ruten aus dem Vorjahr und dann die neu gebildeten. Die Ruten der Herbsthimbeer-Sorten bleiben nur wenig kleiner als die Sommersorten und ihre Früchte sind im Gegensatz zu diesen nicht oder kaum mit „Würmern“ des Himbeerkäfers befallen (dafür aber oft mit Maden der Kirschessigfliege). Die Herbstbrombeeren bleiben oft sehr klein, blühen aber sehr spät, sodass Früchte und Ruten unter Umständen nicht mehr ausreifen und besonders leicht erfrieren.

Himbeeren sind sehr empfindlich gegen Wurzelkrankheiten, dürfen daher nicht zu feucht gehalten werden.

'Baby Cakes'® (Syn. 'APF-236T')

Frucht: mittelgroße, schwarze, süße Brombeere
Genussreife: Ende Juli/Anfang August (an vorjährigen Ruten) und September (an diesjährigen Ruten)
Pflanze: stachellose Brombeere, die an diesjährigen Ruten trägt. Nur ca. 100 cm hoch, laubabwerfend
Sonstiges: Aus der Reihe „BrazelBerries"

'Black Cascade'®

Frucht: schwarze Brombeere
Genussreife: August/September
Pflanze: leicht bestachelte, hängende Brombeere für Hanging Baskets, die an diesjährigen Ruten trägt. 30–50 cm hoch
Sonstiges: Aus Züchtungsprogramm der University of Arkansas

ZWERGBROMBEEREN

'DIMA'® (Syn. 'Tiny Black')

Frucht: schwarz, glänzend, mittelgroß, aromatisch
Genussreife: Mitte August bis Ende September
Pflanze: 50–80 cm hoch, trägt an vorjährigen Ruten, teils auch an diesjährigen
Sonstiges: in der Republik Moldau selektiert

'Little Black Prince'®

Frucht: mittelgroße, schwarze Brombeere
Genussreife: Mitte August (vorjährige Ruten), September/Oktober (diesjährige Ruten)
Pflanze: stachellose bis 130 cm hohe Brombeere, die an diesjährigen Ruten trägt
Sonstiges: gezüchtet von Lubera, „Lowberry"-Reihe

'Baby Dwarf'®

Frucht: sehr kleine, aromatische, rote Früchte

Genussreife: Juni/Juli an vorjährigen und Ende August bis Oktober an diesjährigen Ruten

Pflanze: kurz bestachelte Zwerghimbeere nur 10–50 cm hoch

Sonstiges: Neuheit Lubera 2019

'Bonbonberry® YUMMY' (Syn. 'jde-boer19'®, 'Lucky Berry® Himbeere')

Frucht: mittelgroße, hellrote Himbeere

Genussreife: ab Mitte Juni an vorjährigen und ab Anfang August an diesjährigen Ruten

Pflanze: leicht bestachelte, feintriebige Zwerghimbeere bis ca. 80 cm hoch, trägt an diesjährigen Ruten

Sonstiges: Züchter Jan de Boer

'Goodasgold'

Frucht: gelbe Früchte

Genussreife: Ende Juni bis September

Pflanze: Rutenmit leichter Bestachelung, bis 120 cm hoch, trägt an diesjährigen Ruten

Sonstiges: Neuheit Lubera 2019

'Little Red Frosty'® (Syn. 'Rote Schwedin')

Frucht: rot, klein, sehr aromatisch (Waldhimbeeraroma)

Genussreife: ab Anfang August

Pflanze:dicht bestachelte Sommerhimbeere, trägt an vorjährigen Ruten, bis 140 cm hoch. Roter Austrieb, rötliches Laub, sehr robust

Sonstiges: 'Little Red Frosty' und 'Rote Schwedin' sind vermutlich identisch

ZWERGHIMBEEREN

'Little Sweet Sister'® (Syn. 'Iuhimo')

Frucht: rote Himbeere
Genussreife: früh, ab Mitte Juni an vorjährigen und ab Juli an diesjährigen Ruten
Pflanze: unbestachelte Herbsthimbeere, trägt an diesjährigen Ruten, bis 120 cm hoch
Sonstiges: „Lowberry"-Reihe von Lubera

'Raspberry Shortcake'ⓢ (Syn. 'Ruby Beauty'ⓢ, NR 7ⓢ)

Frucht: mittelgroße, hellrote, aromatische Himbeere
Genussreife: ab Ende Juni bis Juli
Pflanze: stachellose Sommerhimbeere, trägt an vorjährigen Ruten, bis 90 cm hoch
Sonstiges: Züchter Plant and Food Research, Auckland, Neuseeland

Zwerg-Blaubeeren

Heimische Blaubeeren (*Vaccinium myrtillus*) sind recht empfindlich. Daher werden normalerweise Amerikanische Kulturheidelbeeren gepflanzt. Die in Gärten verbreiteten Sorten entstammen den „Highbush Blueberries" oder „Huckleberries" (*Vaccinium corymbosum*). Die Sträucher können 150–200 cm hoch werden und wachsen locker. Das erleichtert die Ernte und ist im Obstbau natürlich erwünscht. Sie besitzen durch ihre attraktiven weißen Blüten im Mai/Juni und ihre Herbstfärbung auch einen hohen Zierwert.

Weniger bekannt bei uns sind die „Lowbush Blueberries" (*Vaccinium angustifolium*). Sie bleiben kleiner (bis etwa 50 cm Höhe), wachsen dichter, haben etwas kleinere Früchte und kleinere Blätter. Sie eignen sich daher besser für die Bepflanzung kleinerer Kübel der „Highbush"-Gruppe. Mittlerweile sind Hybriden zwischen verschiedenen *Vaccinium*-Arten auf dem Markt, die unterschiedlich stark wachsen, und von denen manche im Gegensatz zu den übrigen in milden Wintern ihr Laub behalten. Außerdem werden die frostempfindlichen, aber sehr dekorativen Azorenheidelbeeren *Vaccinium cylindraceum* angeboten.

Blaubeeren müssen wie Rhododendron in sehr saure Erden mit pH-Werten um 4,0 bis 4,5 gepflanzt werden.

'Berry Bux'® (Syn. 'Blueberry Glaze'®, 'ZF08-095'®)

Frucht: klein, dunkelblau
Genussreife: Juli/August
Pflanze: sehr kompakt, ca. 30–50 cm hoch, laubabwerfend
Sonstiges: aus der Reihe „BrazelBerries". Hybride von *Vaccinium corymbosum* und *Vaccinium angustifolium*

'Blautropf' (Syn. 'Lucky Berry'® Blaubeere)

Frucht: kleine, längliche, dunkelblaue Heidelbeere, milder Geschmack
Genussreife: August
Pflanze: 50–100 cm hoch, besonders auffällige rote Blüten, frostempfindlich
Sonstiges: Azorenheidelbeere *Vaccinium cylindraceum*

'Hortblue Petite'Ⓢ

Frucht: mittelgroß, blau
Genussreife: zweimaltragend, imJuli/August und ab September
Pflanze: bis 130 cm hoch und 100 cm breit

'Jelly Bean'® (Syn. 'ZF06-179'Ⓢ)

Frucht: mittelgroß, blau.
Genussreife: Juli/August
Pflanze: besonders kompakt, ca. 30–50 cm hoch. laubabwerfend
Sonstiges: aus der Reihe „BrazelBerries“ von Baumschule zu Jeddeloh. Hybride von *Vaccinium corymbosum* und *Vaccinium angustifolium*

'Little Blue Wonder'

Frucht: verhältnismäßig kleine, dunkelblaue Heidelbeere
Genussreife: August
Pflanze: bis 50 cm hoch, besonders auffällige rote Herbstfärbung
Sonstiges: „Lowberry“-Reihe von Lubera, gezüchtet an der University Minnesota, besonders frosthart

'Northcountry'

Frucht: groß, blau
Genussreife: Juli
Pflanze: 50–70 cm hoch
Sonstiges: Kreuzzug aus *Vaccinium corymbosum* und einer niedrig wachsenden *Vaccinium*-Selektion, Häberli

'Peach Sorbet'® (Syn. 'ZF06-043'^{S})

Frucht: mittelgroß, blau
Genussreife: Juli/August
Pflanze: kompakt, ca. 50 cm hoch, rötlicher Austrieb, dekorative Herbstfärbung, in mildem Winter immergrün
Sonstiges: aus der Reihe „BrazelBerries" von Baumschule zu Jeddeloh

'Pink Breeze'®

Frucht: groß, blau
Genussreife: Juli/August
Pflanze: kompakt, ca. 50 cm hoch, bläulichgrünes Laub mit rosa Triebspitzen, in milden Wintern immergrün
Sonstiges: aus der Reihe „BrazelBerries" von Baumschule zu Jeddeloh

'Sunshine Blue'

Frucht: mittelgroß, blau
Genussreife: Juli/August
Pflanze: kompakt buschig, Blüte rosa. Laub graugrün, (fast) immergrün

'Top Hat' (Syn. 'Tophat')

Frucht: groß, blau
Genussreife: Juli/August
Pflanze: 50 cm hoch, sehr dicht
Sonstiges: Kreuzung aus *Vaccinium angustifolium* und *Vaccinium corymbosum*, Michigan State University 1977

ZWERGBLAUBEEREN

Service

Weitere Informationen darüber, wo Sie Zwerg- und Säulenobstbäume anschauen können, wo Sie sie kaufen können, wo Sie zusätzliche Informationen in Büchern, über Telefon oder im Internet bekommen, finden Sie in diesem Kapitel.

Parks

Es gibt nur verhältnismäßig wenige öffentlich zugängliche Pflanzungen mit Säulen- und Zwergobstgehölzen. Das hängt vermutlich einerseits mit der Krankheitsempfindlichkeit mancher Obstarten wie Nektarinen oder Aprikosen zusammen, andererseits aber auch damit, dass die Obstgehölze von den Besuchern unerlaubt beerntet werden, und dabei nicht nur die zierenden Früchte verloren gehen, sondern durch unsachgemäßes Pflücken häufig auch die Pflanzen beschädigt werden, vor allem ihr Fruchtholz.

Ein paar Schaugärten können denjenigen, die an Zwerg- und Säulenobstbäumen interessiert sind, aber dennoch empfohlen werden: „MiniTrees®"-Säulenäpfel stehen zum Beispiel auf dem Gelände der ehemaligen Landesgartenschau in Zülpich im Rheinland sowie in den niederländischen Schaugärten von Appeltern und im Schlossgarten von Arcen, ebenfalls in den Niederlanden. Eine sehr große Pflanzung, in der Irrgärten aus mehreren tausend Säulenapfelbäumen gepflanzt wurden, ist im „Öpfelgarte" im Juckerhof am Pfäffikersee in der Schweiz zu bewundern.

Der „Mundraubgarten" der Baumschule Lubera® in Schloss Ippenburg bei Osnabrück zeigt „Malini®"-Säulenäpfel und Säulenkirschen.

Literatur

Beltz, Heinrich: Spalierobst im Garten. BLV Verlag, München 2012.

Beltz. Heinrich: Gesunder Buchsbaum. Verlag Eugen Ulmer, Stuttgart 2014.

Beltz, Heinrich: Formgehölze schneiden. Verlag Eugen Ulmer, Stuttgart 2015.

Ebert, Georg: Anbau von Heidelbeeren und Cranberries. Verlag Eugen Ulmer, Stuttgart 2017.

Fischer, Manfred: Farbatlas Obstsorten. Verlag Eugen Ulmer, Stuttgart 2010.

Großmann, Gerd und Wackwitz, Wolf-Dietmar: Spalierobst. Verlag Eugen Ulmer, Stuttgart 2005.

Pirc, Helmut: Alles über Gehölzschnitt. Verlag Eugen Ulmer, Stuttgart 2022.

Rueß, Franz: Resistente und robuste Obstsorten. Verlag Eugen Ulmer, Stuttgart 2016.

Bezugsquellen

Obstgehölze werden in vielen Gartencentern und Baumschulen angeboten. Achten Sie beim Kauf nicht nur auf den Preis, sondern auch auf die Qualität (besonders die Gesundheit der Pflanzen) sowie eine fachkundige Beratung! Listen von Anbietern in Deutschland, Österreich und der Schweiz finden Sie unter anderem unter:

- www.bund-deutscher-baumschulen.de
- www.gartenbaumschulen.com/betriebe.php
- www.baumschulinfo.at

Im Internet finden Sie wertvolle Sorteninformationen und Bezugsquellen zum Beispiel unter:

- Artevos® Gesellschaft zur Vermarktung von Obstsorten: artevos.de
- Baumschule Clasen & Co: www.clasen-co.com
- Baumschule Häberli®: www.haeberli-beeren.ch/de/wo-kaufen/fachgartencenter-3
- Baumschule Krämer: www.baumschule-kraemer.de
- Baumschule Lubera®: www.lubera.de

Telefonnummern Gartentelefon

Bayerische Gartenakademie
Gartentelefon: (0931) 9801-3333
Mo und Do: 10.00–12.00 Uhr , 13.00–16.00 Uhr

Gartenakademie Baden-Württemberg
Die Beratung übernehmen die Kreisfachberatungen für Obst- und Gartenbau.

Hessische Gartenakademie
Gartentelefon: (0561) 7299377
Mo bis Fr 9.00–11.00 Uhr
Mi 14.00–16.00 Uhr

Niedersächsische Gartenakademie
Gartentelefon: (04403) 983811
Mo 9.00–12.00 Uhr

Gartenakademie Rheinland-Pfalz
Gartentelefon: (06321) 671 520
Mo und Di 14.00–16.00
Di und Mi 9.00–12.00

Labore für Bodenanalysen

(Auswahl ohne Anspruch auf Vollständigkeit)

Landwirtschaftliche Untersuchungs- und Forschungsanstalten (LUFA):
- Speyer: www.lufa-speyer.de
- Oldenburg: www.lufa-nord-west.de
- Münster: www.lufa-nrw.de
- Jena: tlllr.thueringen.de
- Rostock: www.lms-lufa.de
- Karlsruhe-Augustenberg: www.ltz-bw.de

Agrolab Koldingen:
www.agrolab.com/de/standort-agrolab-koldingen-sarstedt.html

Autorenvita

Heinrich Beltz, Gärtner und Dipl.-Ing. Gartenbau, ist Versuchsleiter für den Bereich Baumschule an der Lehr- und Versuchsanstalt für Gartenbau Bad Zwischenahn der Landwirtschaftskammer Niedersachsen.
Er stammt aus einer Kasseler Gärtnerfamilie und hat nach der Gärtnerlehre in einer Baumschule und zwei Gehilfenjahren an der Fachhochschule Osnabrück Gartenbau studiert. Heinrich Beltz befasst sich sein vielen Jahren privat mit Formschnitt, Formobst sowie Zwerg- und Säulenobst. Durch seinen regelmäßigen Kontakt mit Baumschulen und Versuchsanstellern im In- und Ausland sowie eigene Praxiserfahrungen konnte er sich ein breites Wissen zu diesen Themen aneignen.

Dank

An dieser Stelle sei allen Fachleuten im In- und Ausland herzlich gedankt, die mit ihrem Rat und ihrer Unterstützung sowie der Bereitstellung von Fotos die Entstehung dieses Buches erst möglich gemacht haben.

Register

D

E

F

G

H

I

J

K

L

M

Q

R

S

Bildnachweis

Artevos GmbH, Freiburg; www.artevos.de: Seite 58 (1), 58 (2), 64 (3), 81 (3), 84 (4), 87 (2), 95 (1), 95 (3), 100 (3), 102 (2)
Beltz, Heinrich: Seite 6, 10, 11, 14, 15, 17, 19, 23, 25, 32, 33, 34, 35, 36, 38, 39, 40, 46, 49, 50, 58 (3), 58 (4), 59 (1), 60 (1), 60 (2), 60 (3), 60 (4), 61 (1), 61 (2), 61 (3), 61 (4), 62 (1), 62 (2), 62 (3), 62 (4), 63 (1), 63 (3), 63 (4), 64 (2), 65 (1), 65 (3), 65 (4), 66 (1), 66 (2), 66 (3), 66 (4), 67 (1), 67 (2), 67 (4), 68 (1), 68 (2), 68 (3), 69 (1), 69 (2), 69 (4), 70 (1), 70 (2), 70 (3), 70 (4), 71 (1), 71 (2), 72, 75, 78 (1), 79 (1), 79 (2), 79 (3), 80 (2), 81 (2), 81 (4), 82 (3), 83, 84 (1), 84 (2), 87 (1), 87 (3), 88, 93 (2), 94 (1), 94 (3), 94 (4), 95 (2), 96 (2), 97 (1), 97 (2), 98 (3), 99 (1), 100 (2), 102 (3), 102 (4), 103 (1), 103 (2), 103 (4), 104 (1), 104 (3), 106 (1), 107 (1), 107 (2), 107 (3), 107(4), 108 (2), 109 (1), 110 (2), 111 (1), 111 (2), 111 (4), 112, 117
Büttner, Jörg, Baumschule Jäger: Seite 100 (4)
Cerny, Radek: Seite 64 (4), 68 (4), 69 (3)
Dathe, Dr. Barbara: Seite 96 (1)
Fischer, Manfred: Seite 78 (2)
Floramedia: Seite 98 (2)
Flora Press/Botanical Images: Titelbild
Gräb Gehölze und Obstbau: Seite 80 (1), 82 (1)
Häberli Fruchtpflanzen AG, www.haeberli-beeren.ch: Seite 82 (2), 84 (3), 85 (1), 87 (4), 94 (2), 106 (1), 106 (3), 110 (1), 110 (4)
Hauenstein AG, www.hauenstein-rafz.ch: Seite 104 (4)
Juckerfarm AG, www.juckerfarm.ch: Seite 20
Krämer, Rolf: Seite 44
Lubera AG, Schweiz, www.lubera.com: Seite 55, 59 (2), 63 (2), 64 (1), 65 (2), 67 (3), 71 (3), 85 (2), 85 (3), 87 (1), 93 (1), 94 (2), 95 (4), 98 (1), 98 (4), 102 (1), 103 (3), 106 (2), 108 (1), 109 (2), 110 (3), 111 (3)
mauritius images: Seite 5
Müller, Hans-Roland: Seite 67 (3), 82 (4)
mutsu7211/Shutterstock.com: Seite 9
Nova-Photo-Graphik/Wien: Seite 100 (1)
Siegler, Hubert: Seite 81 (1), 84 (2), 99 (2), 104 (2)
Wrede, Dr. Andreas: Seite 71 (4)
Die Zeichnungen fertigte **Helmuth Flubacher** nach Vorlagen des Autors.

Die in diesem Buch enthaltenen Empfehlungen und Angaben sind vom Autor mit größter Sorgfalt zusammengestellt und geprüft worden.
Eine Garantie für die Richtigkeit der Angaben kann aber nicht gegeben werden. Autor und Verlag übernehmen keine Haftung für Schäden und Unfälle.
Bitte setzen Sie bei der Anwendung der in diesem Buch enthaltenen Empfehlungen Ihr persönliches Urteilsvermögen ein.
Der Verlag Eugen Ulmer ist nicht verantwortlich für die Inhalte der im Buch genannten Websites.

Anmerkung zur Schreibweise (Gendering): Gendergerechtigkeit und Inklusion sind bei uns gelebte Praxis – bei der Auswahl unserer Themen, bei der Recherchearbeit, in der Gestaltung. Unsere Texte meinen alle. Damit unsere Inhalte jedoch gut lesbar bleiben, verzichten wir in diesem Werk auf die jeweilige Mehrfachnennung oder Anpassung der Schreibweise bestimmter Bezeichnungen an die weibliche, männliche oder diverse Form.

Bibliografische Information der Deutschen Nationalbibliothek
Die Deutsche Nationalbibliothek verzeichnet diese Publikation in der Deutschen Nationalbibliografie; detaillierte bibliografische Daten sind im Internet über http://dnb.d-nb.de abrufbar.

Wollgrasweg 41, 70599 Stuttgart (Hohenheim)
E-Mail: info@ulmer.de
Internet: www.ulmer.de
Projektleitung: Carolin Witte, Saskia Hoen
Lektorat: Sabine Drobik, Doris Kowalzik
Herstellung: Isabell Scherrieble
Umschlaggestaltung: Verlag Eugen Ulmer
Satz: Gerhard Junker, www.redsign.de, Stuttgart
Reproduktion: time:ray, Jettingen
Druck und Bindung: Firmengruppe Appl, aprinta Druck, Wemding
Printed in Germany

ISBN 978-3-8186-1774-5

HIER KÖNNEN SIE WEITERLESEN

Mein Bienengarten.
Bunte Bienenweiden für Hummeln, Honig- und Wildbienen. E. Schwarzer.
2., erweiterte Auflage 2020.
144 Seiten, 130 Farbfotos, Klappenbroschur.
ISBN 978-3-8186-0948-1.

In diesem Buch erfahren Sie, wie Sie es den nützlichen Fluggästen in Ihrem Garten noch gemütlicher machen können. Kommen Sie mit auf Entdeckungsreise durch den Garten und lernen Sie die häufigsten Wildbienen und Hummeln persönlich kennen. Erfahren Sie, welche Pflanzen Maskenbiene, Gehörnte Mauerbiene, Baumhummel und Co. am liebsten mögen und wie Sie diese in Ihren Garten integrieren. Mit ausführlichen Bienen-, Hummel- und Pflanzenporträts, vielen Tipps für die bienenfreundliche Gartengestaltung und einem Flugzeitenkalender steht einem emsigen Summen und Brummen in Ihrem Garten nichts mehr im Wege.

SCHNEIDEN SIE GUT AB

Pflanzenschnitt super einfach.
Praktisch, verständlich, erfolgreich. H. Beltz, U. Jakubik. 2020. 128 Seiten, 120 Farbfotos, 26 Zeichnungen, kart. ISBN 978-3-8186-1174-3.

Sie möchten gerne Obst- oder Ziergehölze schneiden und suchen nach einer leicht verständlichen Anleitung mit praktischen Hinweisen? Dann sehen Sie sich diesen kompakten Sammelband an! Er vermittelt alle Grundlagen rund um den Zier- und Obstgehölzschnitt und beantwortet die wichtigsten Fragen: Welche Schnitttechniken gibt es? Wann ist der richtige Zeitpunkt zum Schneiden? Welche Werkzeuge sind zu verwenden? Was tun bei erkrankten Pflanzen? Ob Rose, Rhododendron, Apfel- oder Kirschbaum: Hier erhalten Sie das nötige Know-how, um einfache Schnittmaßnahmen selber erfolgreich durchzuführen. Viele Abbildungen und Infokästen helfen Ihnen dabei!

HILFE FÜR DEN BUCHS

Gesunder Buchsbaum.
Krankheiten und Schädlinge erkennen und erfolgreich behandeln. H. Beltz. 2014. 128 Seiten, 64 Farbfotos, 9 farbige Zeichnungen, kart.
ISBN 978-3-8001-8265-7.

Dem Buchsbaum machen einige Krankheiten und Schädlinge das Leben schwer, ob Buchsbaumzünsler, Blattfallkrankheit oder Triebsterben. Aber durch eine geschickte Sortenwahl und gute Pflege können Sie auch weiterhin auf Buchsbäume setzen. Dieses Buch fasst die Erkenntnisse zusammen: Wie Sie Krankheiten am Buchsbaum und Schädlinge am Buchs erkennen; wie Sie den Buchsbaum pflegen; welche geeigneten Gegenmaßnahmen Sie ergreifen können; wie Sie Ihren Buchsbaum schneiden, gesund erhalten und düngen; welche robuste und widerstandsfähige Buchsbaumsorten es gibt; die besten Buchsbaumsorten für verschiedene Gartenstandorte und, wenn es nicht anders geht, eine passende Alternative zum Buchsbaum.